普通高等教育农业农村部"十三五"规划教材

测 量 学

崔 龙　张梅花　主编

中国农业出版社

内 容 简 介

本教材共 12 章内容，主要包括测量学的基本知识和基本原理、水准测量、角度测量、距离测量、测量误差的基本知识、控制测量、地形图测绘和应用、施工测量的基本工作、农业工程测量等。在阐述传统测绘技术内容的基础上，介绍了全站仪、全球导航卫星系统的基本理论及其在数字测图、施工放样中的应用。本教材内容丰富、言简意赅、通俗易懂。每章均附有思考题，便于进一步巩固基础理论知识。

本教材适用于高等院校水利水电工程、农业水利工程、土木工程、水利工程管理、水土保持与荒漠化防治、水文与水资源、交通工程、土地资源管理、园林、林学、设施园艺、草业科学、地理信息系统等专业的本科教学，也可作为相关专业和工程技术人员的参考用书。

编 写 人 员

主　编　崔　龙　张梅花

副主编　张红忠　侯晓华　董文明　黄　静

编　者　马合木江·艾合买提（新疆农业大学）

　　　　希尔艾力·艾尔肯（新疆农业大学）

　　　　张红忠（新疆农业大学）

　　　　张梅花（甘肃农业大学）

　　　　岳胜如（塔里木大学）

　　　　孟福军（塔里木大学）

　　　　侯晓华（塔里木大学）

　　　　黄　静（新疆农业大学）

　　　　崔　龙（新疆农业大学）

　　　　董文明（新疆农业大学）

　　　　鄢继选（甘肃农业大学）

前 言
Qianyan

测绘科学随着计算机技术、空间科学技术和网络技术的迅猛发展，新的测绘理论、技术、方法和仪器不断涌现，测量学的内容也随之不断更新，与时俱进。编者根据多年来从事非测绘专业测量学的教学、教学改革及实际工程经验，以学生掌握测量学基本概念、基本原理和基本方法为原则，在介绍传统测量技术和方法的基础上，讲述了现代测量的新技术和新方法。本教材有如下几方面特点：将以往的全球定位系统（GPS）改为全球导航卫星系统（GNSS），简要介绍了几种正处于建设时期的卫星导航系统；介绍了全站仪、RTK接收机在数字测图和施工放样等工作中的应用；国家基本比例尺地形图分幅和编号中增加了1∶2 000、1∶1 000、1∶500三种比例尺；凡本教材涉及的限差、精度要求等均以国家最新版测量规范为准；农业工程测量单独作为一章，突出实用性，同时满足不同专业的需要。考虑到课堂授课学时以及教材的通用性，删除了水准仪和光学经纬仪的检验和校正、罗盘仪及其使用、等精度直接观测值平差等内容。教材的编写力求做到内容精炼、通俗易懂、突出重点，便于自学。编写过程中参阅和引用了同类相关教材的一些内容，并在书后附有参考文献，在此向这些作者表示诚挚的谢意。

本教材共12章内容。第1章至第4章主要介绍测量的基本知识、常规测量仪器及使用方法；第5章、第6章介绍现代测量技术和设备；第7章介绍误差的基本知识；第8章至第10章介绍小地区控制测量和地形图的测绘及应用；第11章、第12章介绍施工测量及在农业工程中的应用。

本教材由崔龙、张梅花任主编，参加编写人员分工如下：崔龙、鄢继选编写第1章；张梅花、鄢继选编写第2章、第3章；侯晓华编写第4章；黄静、希尔艾力·艾尔肯编写第5章；孟福军编写第6章；黄静编写第7章；张红忠编写第8章；侯晓华、岳胜如编写第9章；张红忠、马合木江·艾合买提编写第10章；崔龙编写第11章；张红忠、董文明编写第12章。崔龙负责全书的修改和统稿工作，张红忠负责全书插图的绘制工作。

由于作者水平有限，教材中难免出现疏漏和错误，恳请读者批评指正。

编 者
2017年4月

目 录
Mulu

1 绪 论

1.1 测量学的任务与作用

1.1.1 测绘学与测量学

测量学与制图学统称为测绘学。测绘学是研究地球整体和表面，以及外层空间各种自然和人造物体中与地理空间分布有关信息的采集、处理、管理、更新和利用的科学与技术。测量学是研究地球的形状和大小，以及确定地球表面点位的一门科学。制图学是研究模拟地图和数字地图的基础理论、地图设计、地图编制和复制的技术方法及其应用的学科。

1.1.2 测绘学的分类

测绘学按照研究范围、研究对象及采用的技术手段不同，又分为多个学科：

（1）大地测量学。研究地球的形状、大小和重力场，测定地面点的几何位置以及地球整体与局部运动的理论和技术的学科。

（2）摄影测量学。研究利用摄影或遥感手段获取目标物的影像数据，从中提取几何的或物理的信息，并用图形、图像和数字形式表达测绘成果的学科。

（3）工程测量学。研究工程建设和自然资源开发各阶段测量工作的理论和技术的学科。

（4）海洋测量学。研究以海洋水体和海底为对象进行的测量以及海图编制理论和方法的学科。

（5）普通测量学。研究地球表面局部地区测绘工作的基本理论、技术、方法和应用的学科。

本教材为普通测量学，主要讲述测量的基本知识、测量工作的基本技术、大比例尺地形图测绘、地形图的应用、施工测量的基本工作等内容。

1.1.3 测量学的内容

（1）测定（测图）。使用测量仪器和工具，对地面局部区域进行地形测量，并按一定的比例尺绘制成地形图，为经济建设、规划设计、科学研究等提供服务。

（2）测设（放样）。将图纸上规划设计好的建（构）筑物的位置在地面上标定出来，作为施工的依据。

1.1.4 测绘学的发展简介

测绘学是一门古老的学科，有着悠久的历史。早在公元前 21 世纪夏禹治水时使用了准、绳、规、矩四种测量工具和方法；埃及尼罗河泛滥后农田整治中应用了原始的测量技术。

测绘学是以地球为主要研究对象，人类对地球形状的认识也是随着科学技术发展而逐步深化的。经历了圆形地球、扁形地球和梨形地球的认识过程，直到 1849 年英国的斯托克斯提出利用地面重力测量资料确定地球形状的完整理论和实际计算方法，后来提出用大地水准面表示地球的形状，人们对地球才有了真正的认识。

地图是测绘工作的重要成果。公元前 25 世纪至公元前 3 世纪就出现画在或刻在陶片、铜板等材料上的地图，说明人类已经重视地图的应用。我国湖南长沙马王堆汉墓中发现的公元前 168 年之前绘制在帛上的地图有了比例尺和方位；西晋的裴秀总结出"制图六体"的制图原则，使地图制图有了标准，提高了地图的可靠程度。此后，历代都编制过多种地图，使地图制图技术有了较大发展。

测绘学的形成和发展在很大程度上依赖测绘方法和测绘仪器。17 世纪望远镜的发明和应用为测绘科学的发展开拓了前景。1903 年飞机的发明，为航空摄影测量的发展奠定了基础。20 世纪 40 年代光电测距仪的问世，测绘技术进入激光测量的时代。20 世纪 60 年代以来，随着控制技术、微电子技术、计算机技术的发展，电子测绘仪器、自动化测绘仪器出现，使常规测量技术进入自动化、数字化时代。20 世纪 80 年代，全球定位系统（global position system，GPS）问世，给测绘工作带来重大变革。随着 GPS 技术的发展和应用，利用计算机网络技术、数字通信技术和互联网技术，建立连续运行参考系统（continuously operating reference system，CORS），使测绘技术迈进了高科技时代。

随着科学技术的发展，现代测绘技术手段更加先进，现代测绘科学的理论更加进步与完善，特别是全球定位系统、遥感（remote sensing，RS）、地理信息系统（geographic information system，GIS）、专家系统（expert system，ES）、数字化信息系统（digital information system，DIS）的迅猛发展，为测绘学带来了根本性的变革，它将在国民经济建设的各个领域发挥更大作用。

1.1.5 测绘科学的作用

在土地资源调查和利用、海洋开发、农林牧渔业的发展、生态环境保护以及各种工程、矿山和城市建设等各个方面都必须进行相应的测量工作，编制各种地图和建立相应的地理信息系统，以供规划、设计、施工、管理和决策使用。如城乡规划、乡镇建设、城市地下管网及地铁建设等，国土资源调查、农田基本建设、环境保护以及地籍管理等工作中，必须测绘各种类型、各种比例尺的地图；水利、交通及各种工程建设的勘测、规划、设计、施工、竣工及运营后的监测、维护都需要测量工作。

在国防建设中，除必需的地图外，一切战略部署、战役指挥、战术进攻、各项国防工程建设、远程导弹、空间武器、人造地球卫星以及航天器的发射等，必须有精确的测量定位数据做支撑。

在科学研究方面，如地震预测预报、灾情监测、空间技术研究、海底资源探测、大坝变形监测等，都需要测绘工作紧密配合，提供空间信息。

1.2 地面点位的确定

1.2.1 地球的形状和大小

地球自然表面高低起伏，有高山、丘陵、盆地、平原、海洋等。位于我国青藏高原的珠穆朗玛峰高出海平面 8 844.43 m，位于太平洋西部的马里亚纳海沟，低于海平面 11 022 m。

但这样的高低起伏相对于地球的平均半径 6 371km 是极微小的。在地球表面海洋面积约占 71%，陆地面积约占 29%。因此，人们设想将静止的海水面向陆地延伸形成一个封闭的曲面来代替地球表面，这个曲面称为水准面。由于潮汐的影响，海水面有涨有落，水准面就有无数个，其中通过平均海水面的水准面，称为大地水准面。大地水准面是测量工作的基准面，它所包围的形体称为大地体。

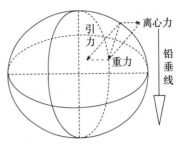

图 1-1 地球重力线

由于地球的自转运动，地球上任一点都受到地球引力和地球自转产生的离心力的作用，这两个力的合力称为重力，如图 1-1 所示。重力的方向线称为铅垂线，用一条细绳悬挂一垂球，在重力作用下细绳形成的下垂线即为铅垂线方向。铅垂线是测量工作的基准线。

水准面具有处处与铅垂线相垂直的特性。

由于地球内部质量分布不均匀，使得地面上各点铅垂线方向产生不规则变化，大地水准面就形成一个有微小起伏不规则的曲面，使得大地体不是一个规则的几何形体，对测量数据处理极为不方便，如图 1-2 所示。为此，人们选择一个大小和形状与大地体十分接近的旋转椭球体代替大地体，这个旋转椭球体称为参考椭球。它是由椭圆绕其短轴 NS 旋转而成的形体，椭球参数包括长半轴 a、短半轴 b、扁率 $\alpha = (a - b)/a$，如图 1-3 所示。

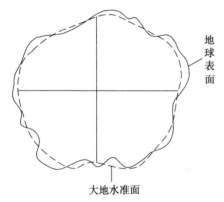

图 1-2 大地水准面与地球表面

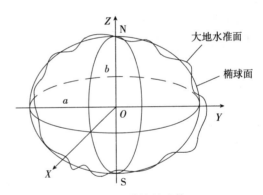

图 1-3 旋转椭球体

如图 1-4 所示，为了使地面上的观测成果归算到椭球面上，各国根据本国领土的实际情况，在地面上选择一点 P，使该点的大地水准面与参考椭球面相切，切点 P' 位于 P 点的铅垂线上。此时，过椭球面上 P' 点的法线与该点的铅垂线重合，且使本国范围的椭球面与大地水准面最为吻合。该切点称为大地原点。

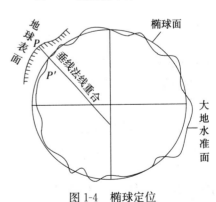

图 1-4 椭球定位

由于地球的扁率很小，十分接近圆球，因此在测量精度要求不高的情况下，可以视椭球为圆球，其半径采用曲率半径平均值，即

$$R = (a + a + b)/3 = 6\ 371\text{km} \tag{1-1}$$

1.2.2 测量常用坐标系

1.2.2.1 大地坐标系 大地坐标系是以大地经度 L、大地纬度 B 和大地高 H 表示地面点的空间位置。

大地坐标系是以法线为基准线，以椭球面为基准面。如图 1-5 所示，NS 为椭球旋转轴，地面点 P 沿法线投影到椭球面上的点为 P'。过 P' 点的子午面 $NP'S$ 与过英国格林尼治天文台的首子午面之间所夹的二面角称为该点的大地经度 L；过 P 点的法线与赤道面之间的交角为该点的大地纬度 B，P 点沿法线到椭球面的距离 $H_大$ 称为大地高。

采用不同的椭球，建立的大地坐标也不一样。利用参考椭球建立的坐标系称为参心大地坐标系。利用总椭球建立的坐标系称为地心大地坐标系。

1.2.2.2 我国目前常用的坐标系简介

（1）1954 北京坐标系统。新中国成立初期，由于缺乏天文大地网观测资料，我国采用克拉索夫斯基参考椭球，并与前苏联 1942 年坐标系进行联测，通过计算建立了我国大地坐标系，称为 1954 年北京坐标系。该坐标系实际上是前苏联 1942 年坐标系在我国的延伸，大地原点不在北京，而在前苏联的普尔科沃。

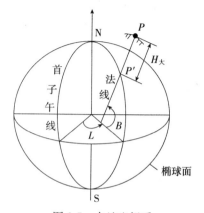

图 1-5 大地坐标系

（2）1980 西安坐标系统。1980 西安坐标系是在 1954 北京坐标系的基础上对天文大地网进行整体平差后建立的。该坐标系采用了 IUGG-75 地球椭球参数，其参数个数和数值大小更加合理、准确，椭球面与我国境内的大地水准面达到了最佳密合。

（3）WGS84 坐标系统。WGS84 坐标系是为全球定位系统使用而建立的坐标系统，原点位于地球的质心，Z 轴指向 BIH（国际时间局）1984.0 定义的协议地极（CTP）方向，X 轴指向 BIH 1984.0 定义的零度子午面和 CTP 相应赤道的交点，Y 轴与 Z 轴、X 轴垂直构成右手坐标系，如图 1-6 所示。

（4）2000 国家大地坐标系统（CGCS2000）。2000 国家大地坐标系原点为包括海洋和大气的整个地球的质量中心，Z 轴由原点指向历元 2000.0 的地球参考极方向，该历元的指向由国际时间局给定的

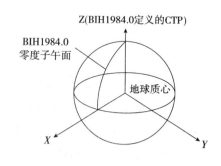

图 1-6 WGS84 坐标系

1984.0 历元的初始指向推算，X 轴由原点指向格林尼治参考子午线与地球赤道面（历元 2000.0）的交点，Y 轴与 Z 轴、X 轴构成右手正交坐标系。

CGCS2000 和 WGS84 同属地心坐标系。两种坐标系在原点、尺度、定向及定向演变的定义都是相同的，参考椭球也非常相近。可以说，在相同的历元下，CGCS2000 和 WGS84 是相容的；在坐标系的实现精度范围（赤道上引起 1mm 的误差），两个坐标系是一致的。

1.2.3 高斯平面直角坐标系

当测区范围较大时，必须考虑地球曲率的影响。如果将球面直接展开成平面，将会产生褶皱和变形。为此，必须采用适当的投影方法，使变形限制在测量误差的容许范围。在测量工作中，通常采用高斯投影的方法解决该问题。

高斯投影是一种正形投影。它是将一个椭圆柱横套在地球椭球上，且与椭球面相切，椭圆柱中心轴通过椭球体赤道面及椭球中心，如图 1-7（a）所示。将椭圆柱沿母线切开，展成平面，即成为高斯投影平面，如图 1-7（b）所示。

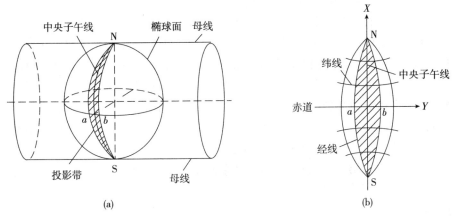

图 1-7 高斯投影

在高斯投影平面上，中央子午线是一条直线，其长度没有变化，离开中央子午线越远的子午线长度变形越大，并凹向中央子午线；赤道投影是一条水平线，并与中央子午线相互垂直，其余纬线的投影凸向赤道。

高斯投影的角度无变形，其长度除了中央子午线无变形外，距中央子午线越远变形就越大，当变形超过一定限度后，就会影响测图、施工的精度。为了将变形限制在允许的范围，将地球分成若干带分别投影，这种方法称为分带投影。分带投影分为 6°带投影和 3°带投影，如图 1-8 所示。

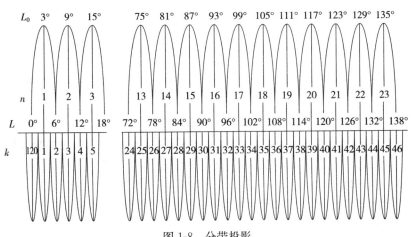

图 1-8 分带投影

6°带投影：从 0°子午线起，自西向东每隔 6°为一带，将地球分为 60 个 6°带，编号 1～60。各投影带的中央子午线经度为

$$\lambda_0 = 6N - 3 \tag{1-2}$$

式中：λ_0——6°投影带中央子午线的经度；

N——6°投影带的带号。

3°带投影：从东经 1.5°子午线起，自西向东每隔 3°为一带，将地球分为 120 个 3°带，编号 1～120。各投影带的中央子午线经度为

$$\lambda'_0 = 3n \tag{1-3}$$

式中：λ'_0——3°投影带中央子午线的经度；

n——3°投影带的带号。

高斯平面直角坐标系是以中央子午线和赤道交点为坐标原点 O，中央子午线投影为纵轴 X，北向为正；赤道投影为横轴 Y，东向为正，每一投影带形成一个高斯平面直角坐标系，如图 1-9 所示。由于我国位于北半球，纵坐标均为正，横坐标值有正有负。为了避免横坐标出现负值，规定将每带的高斯平面直角坐标系的纵坐标轴向西平移 500 km，如图 1-10 所示，并在横坐标前冠以带号。地面点在高斯平面直角坐标系纵轴平移前的坐标值称为该点坐标的自然值；纵轴平移后的坐标值称为该点坐标的通用值。

例如：A 点在 6°带第 15 号投影带内，其平面坐标的自然值为

$$X'_A = 3\ 342\ 162.863\text{m}，Y'_A = -367\ 876.382\text{m}$$

该点坐标的通用值为

$$X_A = 3\ 342\ 162.863\text{m}，Y_A = 15\ 132\ 123.618\text{m}$$

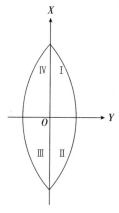

图 1-9　高斯平面直角坐标系

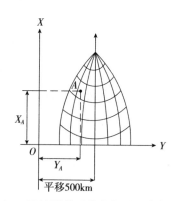

图 1-10　X 轴平移后的高斯平面直角坐标系

1.2.4　独立平面直角坐标系

当测量范围较小时（如半径不大于 10km 的区域），可把球面视为水平面而建立独立平面直角坐标系，将地面点直接沿铅垂线方向投影于水平面上。独立平面直角坐标系的纵轴为 X 轴，与南北方向一致，北向为正，横轴为 Y 轴，与东西方向一致，东向为正。这样任一地面点平面位置以其坐标 X、Y 表示，如果坐标原点 O 是任意假定的，则为独立的平面直角坐标系（图 1-11）。

测量平面直角坐标系的象限是按顺时针方向编号，数学上的平面直角坐标系是按逆时针

方向编号。数学上三角函数的计算公式可直接用于测量的计算中。

1.2.5　测量的高程系

1.2.5.1　绝对高程　地面点到大地水准面的铅垂距离称为绝对高程或海拔，用 H 表示。如图 1-12 所示，地面点 A 和 B 的绝对高程分别为 H_A 和 H_B。

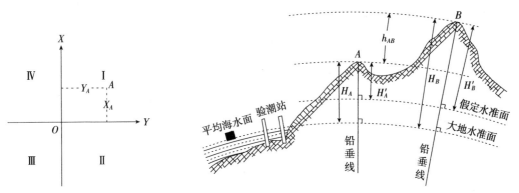

图 1-11　独立平面直角坐标系　　　　　　图 1-12　高程示意图

我国采用青岛验潮站 1950—1956 年的验潮资料，推算平均海水面作为高程基准面，并在青岛市观象山建立了水准原点。水准原点的高程为 72.289m，称为"1956 年黄海高程系"。

20 世纪 80 年代初，根据青岛验潮站 1952—1979 年的验潮资料，推算出新的黄海平均海水面位置，由此测得青岛水准原点的高程为 72.260 m，称为"1985 年国家高程基准"。

1.2.5.2　相对高程　地面点到任意假定水准面的铅垂距离称为相对高程或假定高程，用 H' 表示。地面上两点高程之差称为高差，用 h 表示，如图 1-12 所示。

A、B 两点的高差为

$$h_{AB} = H_B - H_A = H'_B - H'_A \qquad (1-4)$$

此式表明，高差与起算面无关。当 $h_{AB} > 0$ 时，表示 B 点高于 A 点；当 $h_{AB} = 0$ 时，表示 B 点与 A 点同高；当 $h_{AB} < 0$ 时，表示 B 点低于 A 点。

1.3　用水平面代替水准面的限度

在普通测量中，由于测区范围小，通常以水平面代替水准面。水平面代替水准面会对距离、角度和高程产生影响。本节主要讨论水平面代替水准面对距离和高程的影响。

1.3.1　对水平距离的影响

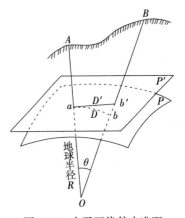

如图 1-13 所示，在测区中部选择一点 A，沿铅垂线投影到水准面上为 a，过 a 点作切平面 P'。地面上 A、B 两点投影到切平面上的长度为 D'，在水准面 P 上的距离为 D。则 A、B 两点投影到水平面上产生的距离误差 Δd 为

$$\Delta d = D' - D = R\tan\theta - R\theta \qquad (1-5)$$

图 1-13　水平面代替水准面

式中：R——地球半径；

θ——弧长 D 所对的圆心角。

将式（1-5）按级数展开，取前两项，并将 $\theta=D/R$ 代入，可导出下式：

$$\Delta d = \frac{D^3}{3R^2} \tag{1-6}$$

上式两端除以 D，得相对误差：

$$\frac{\Delta d}{D} = \frac{D^2}{3R^2} \tag{1-7}$$

取 $R=6\ 371km$，以不同的 D 值代入式（1-7），计算结果见表 1-1。

表 1-1 水平面代替水准面对距离的影响

D/km	$\Delta d/cm$	$\Delta d/D$
1	0.00	
5	0.10	1/5 000 000
10	0.82	1/1 217 700
15	2.77	1/541 516

表 1-1 计算结果表明，当距离为 10km 时，产生的相对误差为 1/120 万，小于目前精密测距时的允许误差。因此，在半径为 10km 的区域，以水平面代替水准面产生的距离误差可以忽略不计。在精度要求较低的测量工作中，其范围可扩大到 25km。

1.3.2 对高程的影响

图 1-13 中，bb' 为水平面代替水准面时产生的高程误差，用 Δh 表示。由 $\triangle oab'$ 可以得到：

$$(R+\Delta h)^2 = R^2 + D'^2 \tag{1-8}$$

展开上式，化简后得

$$\Delta h = \frac{D'^2}{2R+\Delta h} \tag{1-9}$$

式中，分母项的 Δh 与地球半径 R 相比，可略去不计。同时由于 D 与 D' 相差极小，可用 D 代替 D'，则式（1-9）变为

$$\Delta h = \frac{D^2}{2R} \tag{1-10}$$

以不同的距离 D 代入式（1-10），计算结果见表 1-2。

表 1-2 水平面代替水准面对高程的影响

D/m	10	50	100	200	500	1 000
$\Delta h/mm$	0.0	0.2	0.8	3.1	19.6	78.5

表 1-2 计算结果表明，当距离为 100m 时，产生了近 1mm 的高程误差。所以，尽管距离很短，也不能忽视地球曲率对高程的影响。

1.4　测量的基本工作和原则

1.4.1　测量的基本工作

测量工作的目的是确定地面点的空间位置。如图 1-14 所示，地面高低不同的 A、B、C、D 四个点在水平面上的投影为 a、b、c、d。如果 A 点的空间位置和 AB 边的方向（与北方向之间的夹角 α）已知，若测得多边形的边长 d_1、d_2、d_3、d_4 和水平夹角 β_1、β_2、β_3、β_4，以及相邻点之间的高差，则地面点 B、C、D 的空间位置就完全确定了。

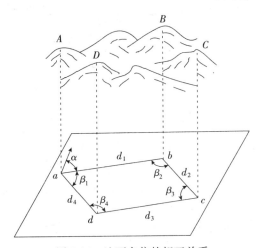

图 1-14　地面点位的相互关系

由此可见，水平距离、水平角及高程（或高差）是确定地面点位置的三个基本要素。距离测量、角度测量和高程测量是测量的基本工作。

1.4.2　测量的基本原则

地球表面有各种各样的形态，可将其归结为地物和地貌两类。地物是地面上人造或天然形成的固定物体，如房屋、道路、河流、农田等；地貌是地面上高低起伏的自然形态，如山地、盆地、平原、丘陵等。地物和地貌统称为地形。测量的工作就是选择地物和地貌的特征点进行测量，如房角点、道路和河流拐点、农田边界点、山顶、山脚等地面坡度的变化点。对这些特征点的测量工作称为碎部测量。

如图 1-15 所示，由于测区范围较大，在 A、B、C、D、E、F 任一个点上都不可能将整个测区的地形测绘出来，必须连续设站进行测量。但从一个点开始依次逐点设站测量，会将前一点的误差传递到后一点，产生误差积累，最后不能够满足精度要求。因此，为防止误差积累，在碎部测量之前，应首先选择一定数量有控制意义的点，并采用一定的方法测出它们的坐标和高程，这些点称为控制点，如图 1-15 中的 A、B、C、D、E、F 点，这项工作称为控制测量。所以，测量工作必须按照一定的原则进行，就是：在布局上"由整体到局部"；在程序上"先控制后碎部"；在精度上"从高级到低级"。

施工放样时，也要遵循同样的原则。如图 1-15 中设计的建筑物 P、Q、R，要利用控制点 A、F 按一定的测量方法将其测设到实地。

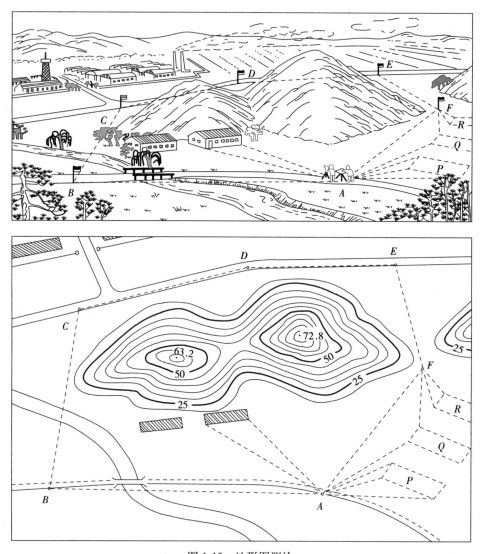

图 1-15　地形图测绘

思 考 题

1. 测量学的任务是什么？
2. 测量工作的基准面和基准线是什么？
3. 什么是绝对高程？什么是相对高程？什么是高差？
4. 高斯平面直角坐标系是怎么建立的？
5. 确定地面点位的三个基本要素是什么？
6. 测量工作遵循的原则是什么？

2 水准测量

测量地面上各点高程的工作称为高程测量。高程测量的方法有水准测量、三角高程测量、气压高程测量、GPS 高程测量等。其中，水准测量是精度最高的一种方法。

2.1 水准测量原理

水准测量是利用水准仪提供的水平视线，配合水准尺测定地面两点间的高差，进而推算高程的一种方法。

如图 2-1 所示，已知点 A 的高程为 H_A，欲测未知点 B 的高程 H_B。在 A、B 两点间安置一台能够提供水平视线的仪器——水准仪，并在 A、B 两点竖立水准尺，分别读取水准尺上读数 a 和 b，则 A、B 两点之间的高差为

$$h_{AB} = a - b \tag{2-1}$$

在水准测量过程中，通常由已知点向未知点进行测量。图 2-1 中观测的前进方向为 $A \rightarrow B$，A 点位于水准仪后方，称为后视点，所立水准尺为后视尺，读数 a 为后视读数；B 点位于水准仪前方，称为前视点，所立水准尺称为前视尺，读数 b 为前视读数。两点之间的高差等于后视读数减去前视读数。

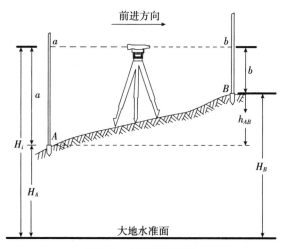

图 2-1 水准测量原理

由图 2-1 可知，若已知 A 点高程 H_A，则 B 点高程为

$$H_B = H_A + h_{AB} = H_A + a - b \tag{2-2}$$

令

$$H_i = H_A + a \tag{2-3}$$

式（2-3）中，A 点高程加 A 点后视读数称为视线高程，通常用 H_i 表示。

B 点的高程又可写成

$$H_B = H_i - b \qquad\qquad (2\text{-}4)$$

这种计算方法在工程测量中应用较为广泛。

2.2 水准仪和水准尺

水准仪按其精度可分为 DS_{05}、DS_1、DS_3、DS_{10} 等型号，其中"D"和"S"分别是"大地测量"和"水准仪"汉语拼音的第一个字母，下标数字 05、1、3、10 表示仪器的标称精度，即每千米往返测高差中数的中误差，以毫米为单位，数字越小，仪器的精度越高，如 DS_{05}、DS_3 每千米往返高差测量中误差分别为 ± 0.5 mm、± 3 mm。本章着重介绍 DS_3 型微倾式水准仪。

2.2.1 DS₃ 型微倾式水准仪的构造

DS_3 型微倾式水准仪由望远镜、水准器和基座三部分组成（图 2-2）。

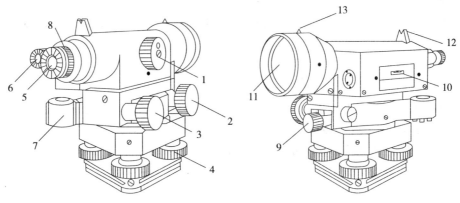

图 2-2　DS₃ 型微倾式水准仪

1. 物镜调焦螺旋　2. 微动螺旋　3. 微倾螺旋　4. 脚螺旋　5. 目镜　6. 符合水准器观察窗
7. 圆水准器　8. 目镜调焦螺旋　9. 制动螺旋　10. 符合水准器　11. 物镜　12. 照门　13. 准星

2.2.1.1　望远镜　望远镜由物镜、目镜、调焦透镜、十字丝分划板等组成（图 2-3）。旋转物镜调焦螺旋，使目标在十字丝平面上形成缩小的实像，再通过目镜将实像连同十字丝一起放大成为虚像。DS_3 型水准仪望远镜的放大率一般为 25～30 倍。

十字丝是用来瞄准目标和读数的。十字丝分划板由一条竖丝和上、中、下三条横丝组成，分别称为上丝、中丝、下丝 [图 2-3（b）]。上丝和下丝称为视距丝，中丝和竖丝的交点称为十字丝交点。

物镜光心与十字丝交点的连线，称为视准轴。如图 2-3（a）中的 CC。

2.2.1.2　水准器　水准器有管水准器和圆水准器两种。

管水准器又称水准管，是用一个内壁磨成圆弧形的玻璃管制成，管内装有酒精和乙醚的混合溶液，加热密封冷却后留有一个长气泡（图 2-4）。水准管的表面刻有 2mm 间隔的分划线，相邻两分划线间的圆弧所对的圆心角 τ，称为水准管的分划值。分划值越小，灵敏度越高。DS_3 型微倾式水准仪水准管分划值一般为 $20''/2\text{mm}$。水准管内壁圆弧的中心称为水准管的零点，过水准管零点与圆弧相切的直线称为水准管轴，如图 2-4 中的 LL。当水准管气泡中点与水准管零点相重合时气泡居中，此时水准管轴 LL 处于水平位置。

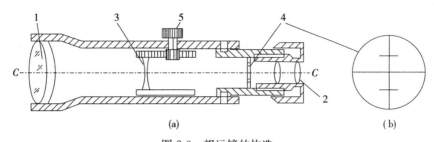

(a)   (b)

图 2-3   望远镜的构造

1. 物镜   2. 目镜   3. 调焦透镜   4. 十字丝分划板   5. 调焦螺旋

圆水准器顶面的内表面是球面，球面中心刻有圆圈，圆圈的圆心为圆水准器的零点，通过圆水准器球面零点的法线称为圆水准轴，如图 2-5 中的 $L'L'$。DS$_3$ 型水准仪圆水准器分划值一般为 $8'\sim10'$，精度较低，用于仪器的概略整平。

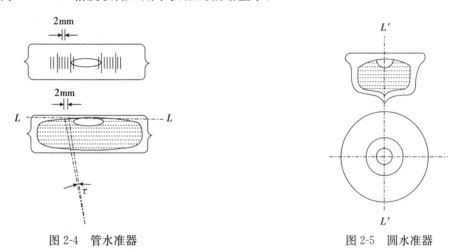

图 2-4   管水准器   图 2-5   圆水准器

为了准确判断水准管气泡是否居中，以及提高气泡居中的精度，水准管上方装有一组符合棱镜系统（图 2-6）。通过棱镜系统的反射作用，将气泡两端的影像同时反射到符合水准器观察窗中。当两个半气泡影像符合在一起时，表示气泡居中。若两个半气泡影像上下错开，表示气泡没有居中，此时，应调节微倾螺旋，使两个半气泡影像符合。

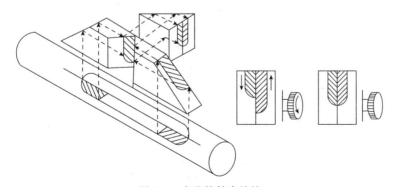

图 2-6   水准管符合棱镜

2.2.1.3 基座   基座位于仪器下部，主要由脚螺旋、底板和三角压板组成，基座的作用是支承仪器的上部，并与三脚架相连接。

2.2.2 自动安平水准仪

微倾式水准仪进行水准测量时，只有在水准仪的符合气泡居中时，才能获得水平视线。

自动安平水准仪用补偿器取代了微倾式水准仪的符合水准器和微倾螺旋，尽管视线有微小倾斜，但在补偿器作用下仍可获得水平视线时的应有读数，从而提高了工作效率。

2.2.2.1 自动安平水准仪的原理 如图 2-7 所示，当视准轴水平时，通过十字丝交点 A 处的水平视线对准于水准尺上的 a_0 点。当望远镜视准轴倾斜一个小角度 α，十字丝交点由 A 移到了 A' 处，倾斜的视准轴对准于水准尺上的 a 点。如果在距离十字丝分划板 s 处安装一补偿器，使通过 a_0 处的水平光线经过补偿器后偏转一个角度 β，并且恰好通过 A'，这样通过 A' 读取的读数就是 a_0，从而达到自动补偿的目的。

因为 α 和 β 都很小，则

$$f \cdot \alpha = s \cdot \beta \qquad (2\text{-}5)$$

即

$$\frac{\beta}{\alpha} = \frac{f}{s} = n \qquad (2\text{-}6)$$

式中：f——物镜的等效焦距；

α——视准轴的倾斜角；

s——补偿器至十字丝分划板的距离；

β——水平视线通过补偿器后的偏转角；

n——补偿器放大倍数。

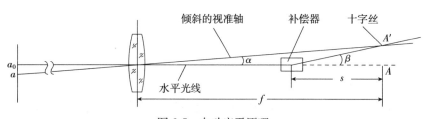

图 2-7 自动安平原理

2.2.2.2 自动安平补偿器 如图 2-8 所示，在调焦透镜与十字丝分划板之间安装一个补偿器。将屋脊棱镜固定在望远镜镜筒内，下方用金属丝悬吊两块直角棱镜，直角棱镜可在有限

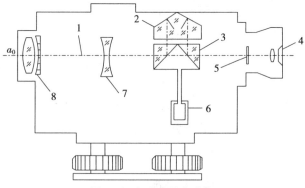

图 2-8 自动安平水准仪

1. 水平视线 2. 屋脊棱镜 3. 直角棱镜 4. 目镜
5. 十字丝分划板 6. 空气阻尼器 7. 调焦透镜 8. 物镜

范围内摆动。

补偿器原理:

(1) 如图 2-9 (a), 望远镜视准轴处于水平状态, 补偿器的直角棱镜处于原始悬垂状态, 水平观测视线在补偿装置内反射后, 落在十字丝中央 A 处, 获得正确标尺读数 L_0。

(2) 如图 2-9 (b), 因仪器未严格整平, 视准轴处于倾斜状态。若直角棱镜与屋脊棱镜的相对位置关系不变, 则水准标尺读数为 L'_0, 实际水平视线正确读数 L_0 在补偿装置内反射后落在 B 处。

(3) 如图 2-9 (c), 若直角棱镜可自由摆动, 在重力作用下直角棱镜摆向铅垂位置, 与屋脊棱镜相对位置发生变化, 使水平视线在补偿装置内的反射方向得到调整而射向十字丝中心位置 A, 从而使人眼观察到水平视线的标尺读数 L_0。

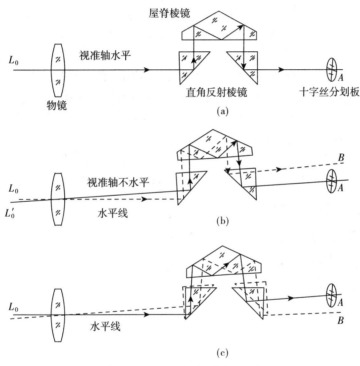

图 2-9 补偿器工作的光路图

2.2.3 数字水准仪

数字水准仪是在自动安平水准仪的基础上发展起来的, 采用条纹编码标尺和数字影像处理原理, 用传感器代替观测者的眼睛, 将标尺成像转换成数字信息, 进而获得标尺读数和视距。

电子水准仪一般由基座、水准器、望远镜及数据处理系统组成 (图 2-10)。它的光学系统和机械系统与自动安平水准仪基本相同, 只是读数系统不同。

2.2.4 水准尺和尺垫

2.2.4.1 水准尺 水准尺是水准测量使用的主要工具, 常用的水准尺有塔尺、双面尺 (图

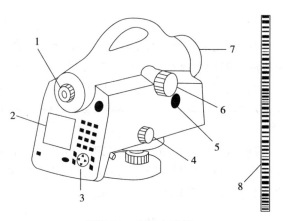

图 2-10　电子水准仪
1. 目镜　2. 显示屏　3. 操作按键　4. 水平微动螺旋
5. 测量按键　6. 调焦螺旋　7. 物镜　8. 条码尺

2-11）。水准测量一般使用双面尺，只有精度要求不高时才使用塔尺。双面尺的材质为木质，长度一般为 3 m，尺的正、反两面均有间距为 1 cm 的刻划，并在分米处注记数字。尺的一面为黑白相间，底端起点为零，称黑面尺，另一面为红白相间，底端起点不是从零开始，而是一个常数 K（4.687 m 或 4.787 m），称为尺常数。

2.2.4.2　尺垫　尺垫一般用生铁铸成，中间有一个突起的半球状形体，带有三个支脚（图 2-12）。测量时将尺垫放在地面上踩实，水准尺的底端放置在半球顶点上。

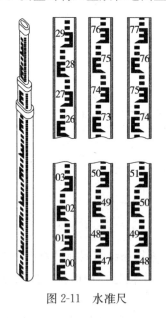

图 2-11　水 准 尺

图 2-12　尺　垫

2.2.5　水准仪的使用

水准仪的使用包括安置仪器、粗略整平、瞄准水准尺、精确整平和读数五个步骤。

2.2.5.1　安置仪器　打开三脚架，调节架腿长度，踏入地面，目估架头大致水平，用连接螺旋将水准仪与三脚架连接在一起。

2.2.5.2　粗略整平　调节仪器的脚螺旋，使圆水准器的气泡居中。气泡的调节如图 2-13（a）所示，将圆水准器置于任意两个脚螺旋之间；双手握住两个脚螺旋以相对方向转动，使气泡移动到两脚螺旋连线的中间位置，如图 2-13（b）所示；转动第三个脚螺旋，使气泡居中，如图 2-13（c）所示。需要注意的是，气泡的移动方向始终与左手大拇指转动的方向一致。

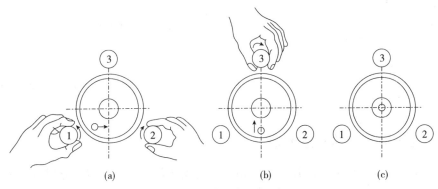

（a）　　　　　　　　　　（b）　　　　　　　　　　（c）

图 2-13　水准仪的粗平

2.2.5.3　瞄准水准尺　将望远镜对准远处，旋转目镜调焦螺旋，使十字丝清晰。转动望远镜，利用镜筒上的准星和照门瞄准水准尺，拧紧制动螺旋。转动调焦螺旋，使水准尺成像清晰，旋转微动螺旋，使十字丝竖丝对准水准尺，眼睛微微上下移动，观察十字丝和水准尺影像，若两者产生相对移动，说明十字丝和水准尺影像没有严格重合，这种现象称为视差（图 2-14）。反复交替进行目镜和物镜调焦，直至消除视差。

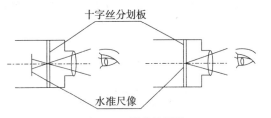

图 2-14　视差及消除

2.2.5.4　精确整平　目的是使水准管气泡居中，从而使视准轴精确水平。通过符合水准器观察窗，用眼睛观察符合气泡的影像，转动微倾螺旋，使两侧的半气泡影像完全符合。此时水准管气泡居中，视准轴处于水平位置。

2.2.5.5　读数　水准管气泡居中后，应立即读取十字丝中丝读数。如图 2-15 所示的读数为 1.390 m，其中最后位的毫米为估读数。

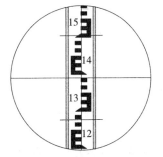

图 2-15　水准尺及读数

2.3　水准测量的方法

2.3.1　水准点

　　沿水准路线每隔一定距离布设的高程控制点称为水准点（简称 BM）。水准点分为永久性和临时性两种。永久性水准点一般埋设于地下一定深度［图 2-16（a）］，也可以直接设置在坚固的建筑物上［图 2-16（b）］。临时性水准点可设在地面上突出的坚硬岩石、房屋拐角等地，也可以用木桩打入地下［图 2-16（c）］。

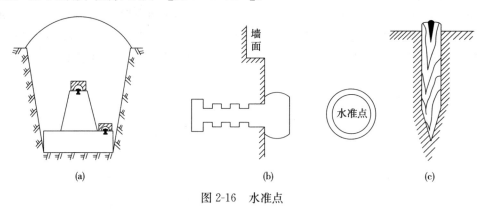

| (a) | (b) | (c) |

图 2-16 水准点

2.3.2 普通水准测量的一般方法

一般来说，待测高程点与已知高程点相距较远或高差较大时，需要分成若干段，连续观测各段高差，各段高差之和即为起点至终点的高差。在观测过程中，每安置一次仪器称为一个测站。路线中间起到传递高程作用的点，称为转点（简称 TP 点）。

如图 2-17 所示，已知 A 点高程 H_A，欲测求 B 点高程 H_B，施测方法如下：

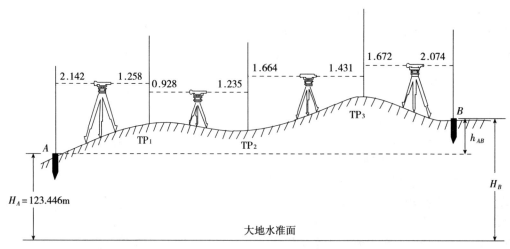

图 2-17 水准测量外业观测

首先将水准仪安置在已知点 A 和转点 TP_1 点之间，使仪器到后尺、前尺的距离大致相等，读取后视读数及前视读数，记入表 2-1 中，完成第一个测站的工作。第一测站工作完成后，转点 TP_1 上的水准尺不动，将 A 点上的水准尺移到转点 TP_2 上，仪器搬到距 TP_1 与 TP_2 之间大至等距离处，以相同的方法进行观测、记录，依次测到 B 点为止。

表 2-1 水准测量记录手簿

点号	后视读数	前视读数	高差/m	高程/m	备注
A	2.142			123.446	已知点
TP_1	0.928	1.258	+0.884	124.330	

（续）

点号	后视读数	前视读数	高差/m	高程/m	备注
TP_2	1.664	1.235	−0.307	124.023	
TP_3	1.672	1.431	+0.233	124.256	
B		2.074	−0.402	123.854	
Σ	6.406	5.998	+0.408		
计算校核	$\Sigma a - \Sigma b = 6.406 - 5.998 = +0.408$，$\Sigma h = +0.408$，$H_B - H_A = +0.408$				

计算各测站高差：

$$h_1 = a_1 - b_1$$
$$h_2 = a_2 - b_2$$
$$\vdots$$
$$h_n = a_n - b_n$$

将以上各式相加可得 A、B 两点之间的高差：

$$h_{AB} = \Sigma h = \Sigma a - \Sigma b \tag{2-7}$$

B 点的高程：

$$H_B = H_A + \Sigma h \tag{2-8}$$

计算校核项：计算的 $\sum a - \sum b$ 与 $\sum h$ 相等，表明计算正确；否则，重新进行计算。

2.3.3 三、四等水准测量

三、四等水准测量常用作小地区及工程建设地区的高程控制。

2.3.3.1 三、四等水准测量对水准仪和水准尺的要求 三、四等水准测量使用的水准仪，精度应不低于 DS₃ 型水准仪的精度指标；使用双面水准尺，两根标尺黑面底端读数均为 0，红面的尺常数分别为 4.687m、4.787m。两根标尺应成对使用。

2.3.3.2 主要技术要求 三、四等水准测量的各项限差规定见表 2-2 和表 2-3。

表 2-2 视线长度和读数误差限差

等级	标准视线 长度/m	前后视距差 绝对值/m	前后视距累计差 绝对值/m	红黑面读数差 绝对值/mm	红黑面高差之差 绝对值/mm
三	≤75	≤2.0	≤5.0	≤2.0	≤3.0
四	≤100	≤3.0	≤10.0	≤3.0	≤5.0

表 2-3 三、四等水准测量技术要求

等级	每千米高差中 误差/mm	水准仪型号	水准尺	附合路线或环线闭合差	
				平地	山地
三	±3	DS₃	双面	$±12\sqrt{L}$	$±15\sqrt{L}$
四	±5	DS₃	双面	$±20\sqrt{L}$	$±25\sqrt{L}$

注：L 为附合路线（环线）的长度（km）。

2.3.3.3 三、四等水准测量的方法 三、四等水准测量观测方法基本相同，区别在于限差不同。现以四等水准测量为例，采用"后—后—前—前"（黑—红—黑—红）的观测程序。

（1）一个测站上的观测顺序。

A. 照准后视黑面尺，读取下丝、上丝和中丝读数，记录在表 2-4 的（1）、（2）、（3）处。

B. 照准后视红面尺，读取中丝读数，记录在表 2-4 的（4）处。

C. 照准前视黑面尺，读取下丝、上丝和中丝读数，记录在表 2-4 的（5）、（6）、（7）处。

D. 照准前视红面尺，读取中丝读数，记录在表 2-4 的（8）处。

表 2-4 四等水准测量观测手簿

测站编号	点号	后尺 下丝 上丝 / 后视距离 / 前后视距差	前尺 下丝 上丝 / 前视距离 / 累积差	方向及尺号	中丝水准尺读数 黑面	中丝水准尺读数 红面	$K+$黑$-$红	平均高差	备注
		(1) (2) (9) (11)	(5) (6) (10) (12)	后 前 后一前	(3) (7) (15)	(4) (8) (16)	(13) (14) (17)	(18)	
1	$A\sim TP_1$	1.587 1.213 37.4 -0.2	0.755 0.379 37.6 -0.2	后1 前2 后一前	1.400 0.567 $+0.833$	6.187 5.255 $+0.932$	0 -1 $+1$	$+0.8325$	
2	$TP_1\sim TP_2$	2.111 1.737 37.4 -0.1	2.186 1.811 37.5 -0.3	后2 前1 后一前	1.924 1.998 -0.074	6.611 6.786 -0.175	0 -1 $+1$	-0.0745	$K_1=4.787$ $K_2=4.687$
3	$TP_2\sim TP_3$	1.916 1.541 37.5 -0.2	2.057 1.680 37.7 -0.5	后1 前2 后一前	1.728 1.868 -0.140	6.515 6.556 -0.041	0 -1 $+1$	-0.1405	
4	$TP_3\sim TP_4$	1.945 1.680 26.5 -0.2	2.121 1.854 26.7 -0.7	后2 前1 后一前	1.812 1.987 -0.175	6.499 6.773 -0.274	0 $+1$ -1	-0.1745	
5	$TP_4\sim B$	0.675 0.237 43.8 $+0.2$	2.902 2.466 43.6 -0.5	后1 前2 后一前	0.466 2.684 -2.218	5.254 7.371 -2.117	-1 0 -1	-2.2175	

（2）测站的计算、检核与限差。

A. 视距计算。

后视距离（9）＝〔（1）－（2）〕×100

前视距离（10）＝〔（5）－（6）〕×100

前、后视距差（11）＝（9）－（10）

前后视距累积差（12）＝本站（11）＋前站（12）

B. 黑、红面读数差。

后尺（13）＝（3）＋K_1－（4）

前尺（14）＝（7）＋K_2－（8）

K_1、K_2 分别为后尺和前尺的尺常数。

C. 高差计算。

黑面高差（15）＝（3）－（7）

红面高差（16）＝（4）－（8）

黑、红面高差之差（17）＝（13）－（14）＝（15）－［（16）±0.100］

高差中数（18）＝［（15）＋（16）±0.100］/2

在一个测站上，观测数据计算结果符合各项限差要求后，方可将仪器搬到下一测站进行测量。如果任一项限差超限，应立即重测本测站数据。

2.3.4 水准测量的校核方法和精度要求

水准测量中不可避免地含有误差，为了使测量成果符合精度要求，必须采取相应的措施进行校核。

2.3.4.1 测站校核

（1）改变仪器高法。在每个测站上，测出两点间高差后，重新安置仪器（升高或降低仪器 10cm 以上）再测量一次，若两次高差较差在±5mm 之内，取两次高差的平均值作为本站高差值，否则应重测本站。

（2）双面尺法。在每一个测站上，保持仪器高度不变，用双面尺的黑面和红面各测一次高差，如果黑、红面测得高差之差在允许的限差范围，取平均值作为本测站高差值。否则，重新测量。

测站校核可以校核本测站的测量成果是否符合要求，但整条路线测量成果是否符合要求，则不能判定。例如，迁站后转点位置发生移动，这时测站成果虽符合要求，但整条路线测量成果会受影响。因此，还需要进行路线校核。

2.3.4.2 路线校核　水准测量路线校核，常采用闭合水准路线、附合水准路线和支水准路线三种形式。

（1）闭合水准路线。从一已知的水准点出发，沿一条闭合的路线进行水准测量，最后又回到原已知点，称为闭合水准路线。如图 2-18 所示，由已知水准点 BM_1 出发，依次测量了 1、2、3 点，最后又测到了 BM_1 点，形成一闭合水准路线。这时高差总和在理论上应等于零，即 $\sum h_{理} = 0$。但由于测量含有误差，往往导致 $\sum h_{测} \neq 0$，从而产生高差闭合差 f_h：

$$f_h = \sum h_{测} \tag{2-9}$$

（2）附合水准路线。由一已知的水准点出发，沿水准路线进行测量，最后附合到另一个已知水准点，称为附合水准路线。如图 2-19 所示，设 BM_1 点的高程 $H_{始}$、BM_2 点的高程 $H_{终}$ 均为已知，现从 BM_1 点开始，依次测量了 1、2、3 点，最后附合到 BM_2 点上，组成附合水准路线。这时测得的高差总和 $\sum h_{测}$ 应等于两水准点的已知高差（$H_{终} - H_{始}$）。实际上，两者往往不相等，其差值即为高差闭合差 f_h：

$$f_h = \sum h_{测} - (H_{终} - H_{始}) \tag{2-10}$$

（3）支水准路线。如图 2-20 所示，从已知水准点 BM_1 出发，测量了 1、2、3 点后，既不联测到另一水准点，也不闭合到原水准点，称为支水准路线。为了校核，需要往、返测出整条路线的高差，理论上往、返高差的代数和应为零，若不为零即为高差闭合差 f_h：

$$f_h = \sum h_{往} + \sum h_{返} \tag{2-11}$$

普通水准测量高差闭合差的容许值为

$$\left.\begin{array}{ll} \text{平原丘陵区} & f_{h容} = \pm 40\sqrt{L}\,(\text{mm}) \\ \text{山区} & f_{h容} = \pm 12\sqrt{n}\,(\text{mm}) \end{array}\right\} \tag{2-12}$$

式中：L——水准路线总长度（km）；

n——水准路线测站总数。

若 $|f_h| > |f_{h容}|$，说明测量成果不符合要求，应当返工重测。

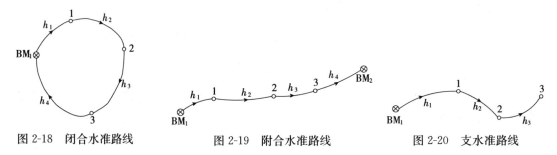

1
h1
h2
BM1
2
h3
h4
3

图 2-18　闭合水准路线

BM2
h4
3
h3
2
h2
h1
1
BM1

图 2-19　附合水准路线

1
3
h1
h2
2
BM1
h3

图 2-20　支水准路线

2.4　水准测量成果计算

水准测量的外业测量数据，经检核无误，满足规定等级的精度要求后，应将闭合差进行合理分配，并推算各待定点的高程。

2.4.1　附合水准路线高差闭合差的调整和高程计算

如图 2-21 所示，A、B 为已知水准点，$H_A = 60.376$ m，$H_B = 63.623$ m，各测段高差和测站数标注在附合水准路线图上，计算过程如下：

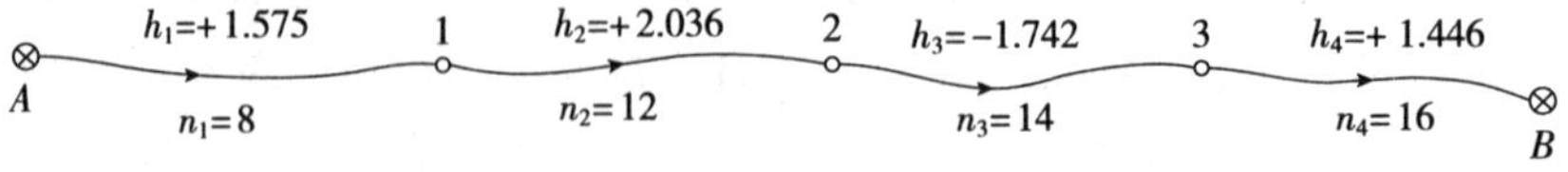

h1=+1.575
1
h2=+2.036
2
h3=−1.742
3
h4=+1.446
A
n1=8
n2=12
n3=14
n4=16
B

图 2-21　附合水准路线成果计算

（1）高差闭合差的计算。

$$f_h = \sum h - (H_B - H_A) \tag{2-13}$$

高差闭合差容许值：

$$f_{h容} = \pm 12\sqrt{n} \qquad (\text{mm})$$

当 $|f_h| < |f_{h容}|$，符合精度要求，可进行闭合差的调整。

（2）高差闭合差的调整。调整原则：将高差闭合差反号按与距离（或测站数）成正比例分配到各测段。各测段分配到的高差改正值为

$$
\left.
\begin{array}{ll}
\text{按距离} & v_i = -\dfrac{f_h}{\sum L} \times l_i \\[4mm]
\text{按测站数} & v_i = -\dfrac{f_h}{\sum n} \times n_i
\end{array}
\right\} \tag{2-14}
$$

式中：$\sum L$——路线总长；

$\quad\quad\ l_i$——第 i 测段路线长；

$\quad\quad\ \sum n$——测站总数；

$\quad\quad\ n_i$——第 i 测段测站数。

（3）改正后高差。

$$
h'_i = h_i + v_i \tag{2-15}
$$

（4）高程计算。

$$
H_i = H_{i-1} + h'_{i-1,i}
$$

具体算例见表 2-5。

表 2-5　附合水准测量成果计算

点号	测站数	实测高差/m	高差改正数/m	改正后高差/m	高程/m	备注
A	8	+1.575	−0.011	+1.564	60.376	已知点
1	12	+2.036	−0.016	+2.020	61.940	
2	14	−1.742	−0.019	−1.761	63.960	
3					62.199	
B	16	+1.446	−0.022	+1.424	63.623	已知点
Σ	50	+3.315	−0.068	+3.247		
辅助计算	$f_h = +68\ \text{mm}$，$f_{h容} = \pm12\sqrt{50}\ \text{mm} = \pm85\ \text{mm}$，$|f_h| < |f_{h容}|$					

2.4.2　闭合水准路线高差闭合差的调整和高程计算

闭合水准路线可以认为是附合水准路线的特例，其计算方法与附合水准路线相同，这里不再赘述。

2.4.3　支水准路线高差闭合差的调整和高程计算

支水准路线取其往测和返测高差的平均值作为两点间的高差值，高差的符号以往测为准，最后推算出待测点的高程。

以图 2-22 为例，已知水准点 A 的高程为 86.785 m，往、返测共有 16 站。高差闭合差为

$$
f_h = h_{往} + h_{返} = -1.375\text{m} + 1.396\text{m} = +0.021\text{m}
$$

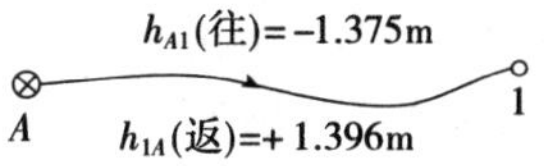

$h_{A1}(往) = -1.375\text{m}$

$h_{1A}(返) = +1.396\text{m}$

图 2-22　支水准路线

闭合差容许值为

$$f_{h容} = \pm 12\sqrt{n} = \pm 12 \times \sqrt{16}\,\mathrm{mm} = \pm 48\mathrm{mm}$$

故 $|f_h| < |f_{h容}|$。

以往测方向为准，取往、返测高差的平均值，即

$$h_{A1} = \frac{-1.375\mathrm{m} - 1.396\mathrm{m}}{2} = -1.386\mathrm{m}$$

1点的高程：$\qquad H_1 = 86.785\mathrm{m} - 1.386\mathrm{m} = 85.399\mathrm{m}$

2.5 水准测量的误差分析及削减方法

水准测量受到仪器、观察者和外界条件的影响，测量成果不可避免地存在误差。因此，要采取相应的措施，尽可能减少或消除各种误差的影响。

2.5.1 仪器误差

2.5.1.1 仪器的残余误差 在水准测量之前，虽然对仪器经过严格的检验和校正，但仍然残存少量误差。如水准管轴与视准轴不平行的误差，观测时应使前、后视距离相等，以便消减此项误差的影响。

2.5.1.2 水准尺误差 水准尺的刻划不准确、尺长变化、尺端零点误差、弯曲等，这些都会影响水准测量成果的精度。因此水准尺必须经过检验后才能使用。

2.5.2 观测误差

2.5.2.1 整平误差 符合气泡的整平误差与水准管分划值和视线长度成正比。如 DS$_3$ 型水准仪，$\tau'' = 20''$，$D = 100\mathrm{m}$ 时，引起的读数误差为 $\pm 0.73\mathrm{mm}$，在观测时要使符合气泡严格居中。

2.5.2.2 读数误差 在水准尺上的估读误差，与人眼的分辨能力及视线长度成正比，与望远镜的放大倍率成反比。观测时严格控制视线长度。

2.5.2.3 视差 水准测量时，如果存在视差，则十字丝平面与水准尺影像不重合，读数不正确，给观测结果带来较大的误差。因此，在观测时，应严格仔细地进行调焦，以消除视差。

2.5.2.4 水准尺倾斜误差 水准尺在视线方向上发生倾斜，无论是向前还是向后倾斜，都将使水准尺的读数增大，而且视线越高，误差越大。因此外业测量时，立尺员要特别认真扶尺，以减小此项影响。

2.5.3 外界条件的影响

2.5.3.1 仪器下沉 当水准仪安置在较为松软的地方时，在观测过程中，仪器会产生下沉现象，视线高度降低，从而引起高差误差。应尽量将仪器安置在坚实的地方，将脚架踩实，采用一定的观测顺序，以减少此项误差的影响。

2.5.3.2 尺垫下沉 与仪器下沉情况相类似。如转站时尺垫下沉，使所测高差增大，如上升则使高差减小。观测时将尺垫尽量放置在质地坚硬的地面，在土质松软的地面要踩实

尺垫。

2.5.3.3　地球曲率及大气折光的影响　由于地面大气层密度的不同，产生大气折光，视线并非是水平的，而是一条曲线。在观测时，保持前、后视距离相等，地球曲率和大气折光对高差的影响将得到减弱。

2.5.3.4　温度和风力影响　温度的变化不仅会引起大气折光的变化，而且会使水准管气泡不稳定；大风使得仪器难以安置，水准尺难以扶直。这些都对水准测量带来一定的影响。因此，水准测量时，应选择有利的时间段，避免在大风天气或高温季节测量，观测时应撑伞遮挡阳光，防止仪器曝晒。

思　考　题

1. 简述水准测量的原理。
2. 什么是视准轴、水准管轴？
3. 什么是水准管分划值？
4. 什么是视差？简述视差产生的原因及消除方法。
5. 什么是转点？转点在水准测量中有什么作用？
6. 水准路线有哪几种布设形式？每种水准路线的高差闭合差如何计算？

3 角度测量

角度测量包括水平角测量和竖直角测量。

3.1 角度测量原理

3.1.1 水平角测量原理

地面上两条相交方向线沿铅垂线投影到水平面上所形成的角度称为水平角，取值范围为 $0°\sim360°$，如图 3-1 所示，将地面上任意三个点 A、B、C 沿铅垂线方向投影到水平面上，得 A'、B'、C' 三点，$A'B'$ 与 $B'C'$ 之间的夹角 β 就是水平角。

如果在过 B 点的铅垂线上水平安置一个带有刻度的圆盘，通过 BA 和 BC 的铅垂面在圆盘上截得的读数为 a 和 b，求得水平角：

$$\beta = b - a \tag{3-1}$$

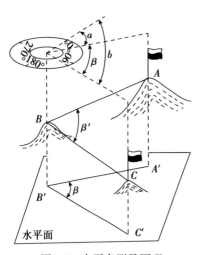

图 3-1 水平角测量原理

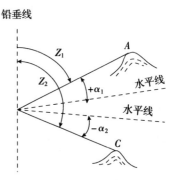

图 3-2 竖直角测量原理

3.1.2 竖直角测量原理

在同一个竖直面内，倾斜视线与水平线之间的夹角称为竖直角（图 3-2）。若倾斜视线高于水平视线，竖直角 α 为正，称为仰角；反之为负，称为俯角。竖直角的取值范围为 $-90°\sim90°$。

若竖直角是用视线与铅垂线的夹角来表示，称为天顶距，用 Z 表示，其范围为 $0°\sim180°$。天顶距与竖直角的关系为

$$\alpha = 90° - Z \tag{3-2}$$

3.2 光学经纬仪

经纬仪按其精度可分为 DJ_{07}、DJ_1、DJ_2、DJ_6 等型号。其中"D"和"J"分别是"大地测量"和"经纬仪"汉语拼音第一个字母,下标 07、1、2、6 是仪器的标称精度,表示仪器一测回方向值观测中误差,以秒为单位。数字越小,仪器的精度越高。如 DJ_6 经纬仪一测回方向值观测中误差为 $\pm6''$。下面介绍 DJ_6 型光学经纬仪。

3.2.1 DJ₆型光学经纬仪

DJ_6 型光学经纬仪主要由照准部、水平度盘和基座三部分组成(图 3-3)。

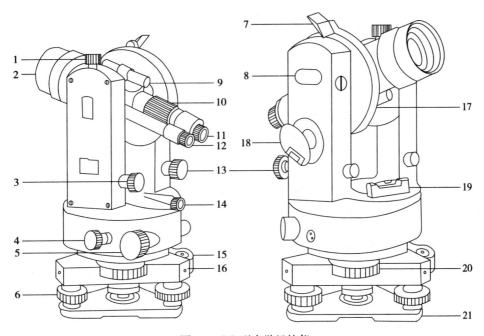

图 3-3 DJ₆型光学经纬仪

1. 望远镜制动螺旋 2. 物镜 3. 望远镜微动螺旋 4. 水平制动螺旋 5. 水平微动螺旋 6. 脚螺旋
7. 竖盘指标水准管反光镜 8. 竖盘指标水准管 9. 瞄准器 10. 物镜调焦螺旋 11. 目镜
12. 读数显微镜 13. 竖盘指标水准管微动螺旋 14. 光学对点器 15. 圆水准器 16. 基座
17. 竖直度盘 18. 反光镜 19. 管水准器 20. 度盘变换手轮 21. 托板

3.2.1.1 照准部 照准部主要由望远镜、横轴、竖直度盘、读数显微镜、支架、照准部水准管与照准部旋转轴组成,如图 3-4 所示。

照准部旋转轴的几何中心称为竖轴。照准部借助水平制动螺旋和微动螺旋绕竖轴在水平面内旋转。望远镜安装在支架上,与横轴固连,借助制动螺旋和微动螺旋绕横轴做仰俯转动。在横轴一侧的竖直度盘,随望远镜一起转动,用于观测竖直角。照准部水准管用来整平经纬仪。

3.2.1.2 水平度盘 水平度盘是用光学玻璃制成的圆盘,在度盘上沿顺时针方向刻有 $0°\sim360°$ 的分划,用于测量水平角。相邻两分划间弧长所对的圆心角,称为度盘分划值。照准部下方设有配置度盘装置,不同仪器其构造略有差别。

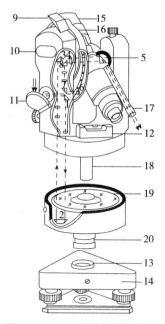

图 3-4　DJ₆型光学经纬仪结构

1、2、3、4、5、6、7、8. 光学读数系统棱镜　9. 指标水准管反光镜　10. 竖盘指标水准管
11. 读数反光镜　12. 管水准器　13. 轴套　14. 基座　15. 物镜　16. 竖直度盘
17. 读数显微镜　18. 内轴　19. 水平度盘　20. 外轴

3.2.1.3　基座　基座是支承仪器的底座，主要由脚螺旋与连接板组成。基座借助中心螺旋与三脚架头连接。基座上配有三个脚螺旋用以整平仪器。

3.2.2　DJ₆型光学经纬仪读数装置与读数方法

　　DJ₆型光学经纬仪的度盘影像通过一系列棱镜和透镜成像在读数显微镜内。由于度盘的尺寸有限，最小分划仅到度，小于1°的角值需要借助光学测微装置进行测量。由于测微装置不同，读数方法也不相同。本节主要介绍 DJ₆型分微尺式光学经纬仪的读数方法。

　　DJ₆型分微尺式光学经纬仪的度盘分划值为1°，分微尺长度恰好等于度盘上相邻两条分划线间的长度。分微尺分为6大格，每大格又分成10小格，每小格为1′，可估读到0.1′即6″。图3-5所示为读数显微镜内看到的影像，读数时，先读度盘分划线的度数，再读该分划线在分微尺上的读数。

　　图3-5中，水平度盘读数为261°04′42″，竖直度盘读数为90°54′36″。

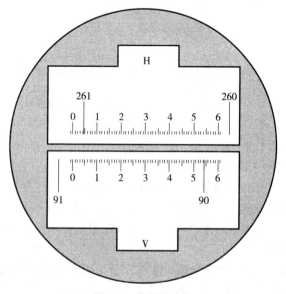

图 3-5　分微尺读数

3.2.3 DJ₆型光学经纬仪的使用

3.2.3.1 安置仪器 打开三脚架，调节架脚长度，目估架头大致水平，将经纬仪与三脚架连紧。

3.2.3.2 对中 对中的目的是使仪器中心与测站中心处在同一铅垂线上。对中的方法有垂球对中、光学对中和激光对中。垂球对中方法如下：在中心螺旋上挂上垂球，平移三脚架，使垂球尖大致对准地面上的测站点；旋松中心螺旋，两手扶住仪器在架头上平移，使垂球尖准确地对准测站点后，再将中心螺旋旋紧。对中误差应小于3mm。

3.2.3.3 整平 整平的目的是使经纬仪的竖轴铅垂，水平度盘处于水平位置。其方法是：转动照准部，使管水准器平行于两个脚螺旋的连线，相向转动两个脚螺旋［图3-6（a）］，使水准管气泡居中（气泡移动方向与左手大拇指转动方向一致）。将照准部旋转90°，如

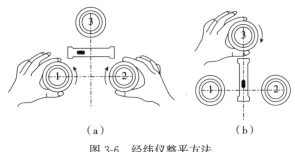

（a） （b）

图3-6 经纬仪整平方法

图3-6（b）所示，旋转第三个脚螺旋，使气泡居中。反复调整几次，直至照准部转到任意位置，水准管气泡均处于居中位置。

3.2.3.4 照准 测角时为了准确瞄准目标，通常需要在目标点上安置观测标志，常用的观测标志有标杆、测钎、觇牌等（图3-7）。测量水平角时，用十字丝的竖丝照准观测标志中心；测量竖直角时，用十字丝横丝切住观测标志顶端。照准目标时应注意消除视差。

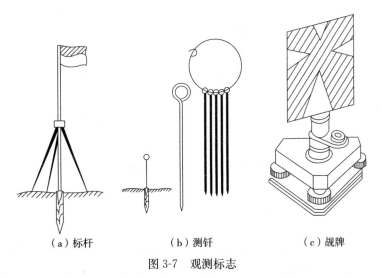

（a）标杆 （b）测钎 （c）觇牌

图3-7 观测标志

3.2.3.5 读数 打开反光镜，调节读数显微镜调焦螺旋，使度盘成像清晰，读取度盘读数。当望远镜倾斜较大时，度盘和测微尺的成像发生倾斜，这是正常现象，不影响实际读数。

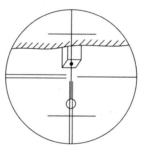

图 3-8　照准位置

3.3　水平角测量

水平角观测中，根据观测的方向数不同，分为测回法和方向观测法（全圆测回法）。

3.3.1　测回法

测回法适用于观测仅有两个方向的水平角。如图 3-9 所示，在测站 O 点对 OA、OB 两个方向的观测步骤如下：

图 3-9　测回法测角

3.3.1.1　安置仪器　将经纬仪安置在测站点 O 上，进行对中、整平。

3.3.1.2　盘左位置

（1）望远镜置于盘左位置（竖盘在望远镜观测方向的左侧，又称正镜），转动照准部瞄准第一个方向的目标 A，配置水平度盘于略大于 0°处，读数、记录。

（2）松开望远镜水平制动螺旋，顺时针方向转动照准部，瞄准第二个方向的目标 B，读数、记录。

以上称为上半测回或盘左半测回。

3.3.1.3　盘右位置

（1）倒转望远镜成盘右位置（竖盘在望远镜观测方向的右侧，又称倒镜），松开望远镜水平制动螺旋，逆时针方向转动照准部，瞄准第二个方向的目标 B，读数、记录。

（2）松开望远镜水平制动螺旋，逆时针方向转动照准部瞄准第一个方向的目标 A，读数、记录。

以上称为下半测回或盘右半测回。上半测回和下半测回统称为一个测回。

为提高测角精度，通常要观测几个测回，各测回观测方法均相同，仅仅是起始度盘需要按 $180°/n$ 配置，其中 n 为测回数。各测回测得的角值互差（称为测回差）绝对值对 DJ_6 型光学经纬仪不应超过 $24''$。

3.3.1.4 计算 半测回角值：分别用上半测回和下半测回第二个方向的观测值减去第一个方向的观测值。

一测回角值：上半测回和下半测回角值的平均值。

各测回平均角值：各测回角值的平均值。

具体算例见表 3-1。

以上各项的限差若超限则需要重新观测（限差要求参见表 3-3）。

表 3-1 测回法观测手簿

测站	测回	目标	竖盘位置	水平度盘读数			半测回角值			一测回角值			各测回平均角值		
				°	′	″	°	′	″	°	′	″	°	′	″
O	1	A	左	0	02	24	79	12	12	79	12	15	79	12	12
		B		79	14	36									
		A	右	180	02	36	79	12	18						
		B		259	14	54									
O	2	A	左	90	01	24	79	12	06	79	12	09			
		B		169	13	30									
		A	右	270	01	06	79	12	12						
		B		349	13	18									

3.3.2 方向观测法

当一个测站的观测方向超过 3 个（含 3 个）时，常采用方向观测法，也称全圆测回法，如图 3-10 所示。

3.3.2.1 安置仪器 在测站点 O 安置经纬仪，对中、整平。

3.3.2.2 盘左位置 以 A 为起始方向，经纬仪置于盘左位置照准目标 A，将水平度盘配置为略大于 $0°$，读取度盘读数，记录；顺时针方向旋转照准部，依次瞄准目标 B、C、D，读数并记录；继续顺时针旋转照准部，回到起始方向 A（称为归零），读数并记录。

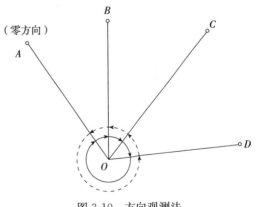

图 3-10 方向观测法

上述称为上半测回或盘左半测回。起始方向 A 的两次读数之差称为半测回归零差。

3.3.2.3 盘右位置 倒转望远镜，逆时针方向按照 A、D、C、B、A 的顺序依次照准各方向，读数并记录，称为下半测回或盘右半测回。

当需要观测几个测回时，各测回度盘变换值与测回法的要求相同。

3.3.2.4 计算

（1）半测回归零差。即半测回中起始方向两次读数之差。

（2）2C 值。2C＝左－（右±180°）。

（3）平均读数。平均读数＝［左＋（右±180°）］/2。

（4）一个测回起始方向平均值。一个测回的起始方向和归零方向的平均值，表 3-2 平均读数一栏中括号内的值。

（5）归零方向值。起始方向的归零值为 0°00′00″，其余各方向的归零值，由各方向的平均值减去一个测回起始方向的平均值。

（6）各测回归零方向平均值。各测回同一方向归零方向值的平均值。

以上各项的限差要求，见表 3-3。

表 3-2　方向观测法手簿

测站	测回数	目标	水平度盘读数						2C	平均读数			归零方向值			各测回归零方向平均值		
			盘左（L）			盘右（R）												
			°	′	″	°	′	″	″	°	′	″	°	′	″	°	′	″
O	1									(0	03	14)						
		A	0	03	06	180	03	18	−12	0	03	12	0	00	00	0	00	00
		B	91	54	06	271	54	00	＋06	91	54	03	91	50	49	91	50	50
		C	153	32	48	333	32	48	00	153	32	48	153	29	34	153	29	38
		D	214	06	12	34	06	06	＋06	214	06	09	214	02	55	214	03	02
		A	0	03	12	180	03	18	−06	0	03	15						
	2									(90	06	18)						
		A	90	06	12	270	06	18	−06	90	06	15	0	00	00			
		B	181	57	00	1	57	18	−18	181	57	09	91	50	51			
		C	243	35	54	63	36	06	−12	243	36	00	153	29	42			
		D	304	09	36	124	09	18	＋18	304	09	27	214	03	09			
		A	90	06	18	270	06	24	−06	90	06	21						

水平角观测的各项限差要求见表 3-3。

表 3-3　水平角观测限差要求

限差	J2	J6
归零差	±12″	±18″
2C 互差	±18″	不要求
半测回差	不要求	±40″
测回差	±9″	±24″

3.4　竖直角测量

3.4.1　竖直度盘的构造

图 3-11 所示为 DJ$_6$ 型光学经纬仪竖直度盘结构。竖直度盘是依据指标线读数的，正常情况下竖盘指标线为铅垂状态。竖直度盘指标水准管和一系列棱镜、透镜组成光具组，固定在

竖盘水准管微动架上。读取竖直度盘读数时，必须旋转竖盘指标水准管微动螺旋，使竖盘水准管气泡居中，这样才能使指标线处于正确的铅垂位置。

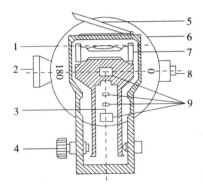

图 3-11 竖直度盘结构

1. 竖盘指标水准管轴 2. 物镜 3. 光具组光轴 4. 竖盘指标水准管微动螺旋
5. 竖盘指标水准管反光镜 6. 竖盘 7. 竖盘指标水准管 8. 目镜 9. 光具组的透镜棱镜

3.4.2 竖直角计算

光学经纬仪竖盘的刻划注记有顺时针与逆时针两种类型，如图 3-12 和图 3-13 所示。

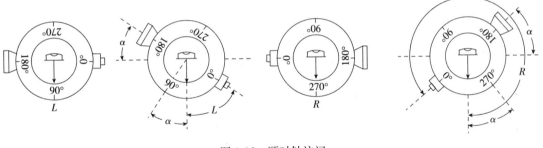

图 3-12 顺时针注记

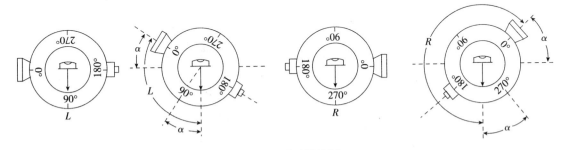

图 3-13 逆时针注记

如图 3-12 所示，度盘顺时针注记时：

$$
\left.\begin{aligned}
\alpha_左 &= 90° - L \\
\alpha_右 &= R - 270° \\
\alpha &= \frac{1}{2}(\alpha_左 + \alpha_右) = \frac{1}{2}\left[(R - L) - 180°\right]
\end{aligned}\right\} \tag{3-3}
$$

如图 3-13 所示，度盘逆时针注记时：

$$
\left.\begin{aligned}
\alpha_左 &= L - 90° \\
\alpha_右 &= 270° - R \\
\alpha &= \frac{1}{2}(\alpha_左 + \alpha_右) = \frac{1}{2}\left[(L - R) + 180°\right]
\end{aligned}\right\}
$$

(3-4)

计算出的角值为正时，α 为仰角；为负时 α 为俯角。

3.4.3 竖直度盘指标差

当竖盘水准管气泡居中时，竖盘指标线应为铅垂方向，但制造及使用上的原因，往往出现即使竖盘指标水准管气泡居中，竖盘指标线也不铅垂的现象。此时，竖盘指标线与铅垂方向间的夹角称为指标差，用符号 x 表示（图 3-14）。在测量竖直角时，需要求出指标差对观测值进行改正。下面以图 3-14 顺时针注记的度盘为例，在式（3-4）中加入指标差，得：

$$
\left.\begin{aligned}
\alpha_左 &= (90° + x) - L \\
\alpha_右 &= R - (270° + x) \\
\alpha &= \frac{1}{2}(\alpha_左 + \alpha_右) = \frac{1}{2}\left[(R - L) - 180°\right] \\
x &= \frac{1}{2}(\alpha_右 - \alpha_左) = \frac{1}{2}\left[(R + L) - 360°\right]
\end{aligned}\right\}
$$

(3-5)

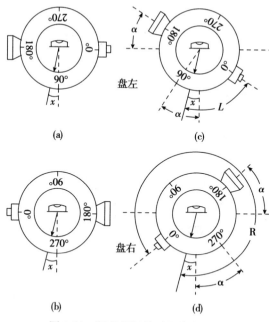

图 3-14 竖盘指标差及竖直角计算

3.4.4 竖直角观测

（1）在测站点上安置经纬仪，对中、整平。

（2）盘左，用十字丝中丝瞄准目标，调节竖盘指标水准管气泡，使其居中，读取竖盘读

数 L，记录。

（3）盘右，瞄准目标的同一部位，调节竖盘指标水准管气泡，使其居中，读取竖盘读数 R，记录。

以上是竖直角一个测回的观测方法，记录和计算见表 3-4。

表 3-4 竖直角观测手簿

测站	目标	竖盘位置	竖盘读数 °	′	″	半测回竖直角 °	′	″	一测回平均竖直角 °	′	″	指标差	备注
A	M	左	59	29	48	+30	30	12	+30	30	00	−12	竖直角计算式：$\alpha_左 = 90° − L$ $\alpha_右 = R − 270°$
		右	300	29	48	+30	29	48					
	N	左	93	18	30	−3	18	30	−3	18	48	−18	
		右	266	40	54	−3	19	06					

3.5 角度测量误差分析

3.5.1 仪器误差

仪器都会存在因设计、制造加工不完善的误差，如仪器度盘刻划不均匀、度盘偏心等误差。即便仪器经过检验和校正后也会有残余误差存在。为了减小或消除仪器误差影响，观测中可采用变换度盘、盘左盘右观测等方法。

3.5.2 观测误差

3.5.2.1 对中误差 观测时若仪器对中不精确，致使度盘中心与测站中心不重合而产生对中误差。对中误差对水平角观测的影响与对中误差的大小成正比，与边长成反比。故当边长较短时，应认真进行对中，以减少对中误差对测角的影响。

3.5.2.2 整平误差 观测时仪器未严格整平，竖轴将处于倾斜位置。观测目标的竖直角越大该误差产生的影响也越大，故观测目标高差较大时，应特别注意仪器的整平。当有太阳时，必须打伞，避免阳光直接照射仪器。

3.5.2.3 目标偏心误差 如果被照准的目标（花杆、测钎等）倾斜，望远镜瞄准目标时又未照准标杆底部，则产生目标偏心误差。目标偏心误差对水平角观测的影响与偏心距成正比，与边长成反比。故当边长较短时应特别注意减小目标的偏心，若观测目标有一定高度，应尽量瞄准目标的底部，以减小目标偏心的影响。

3.5.2.4 照准误差 人眼的分辨力为 $60″$，若望远镜放大率为 V，照准误差约为 $±60″/V$。如 $V = 28$，则照准误差为 $±2.1″$。因此，在进行角度观测时，要注意消除照准误差。

3.5.2.5 读数误差 读数误差主要取决于仪器的读数设备。对于 DJ_6 型分微尺式光学经纬仪可估读至分微尺最小格值的 $1/10$，一般不超过 $±6″$。

3.5.3 外界条件的影响

风力、日晒、温度等都会对测角精度产生影响，尤其当视线接近地面或障碍物时，其辐射出来的热量往往使影像跳动，严重影响照准目标的准确度。为了提高测角的精度，应选择有利的观测时间，以使外界条件对测角的影响降低到最低限度。

3.6　电子经纬仪

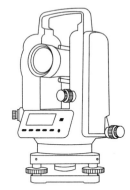

近 20 年来，在电子技术、微处理技术基础上发展起来的数字测角技术已经成功地应用到经纬仪上，涌现出了各种类型的电子经纬仪，其结构、外形大体相同（图 3-15）。电子经纬仪测角精度高，能自动显示角度值，与光电测距仪和数字记录器结合可组成全站型电子速测仪，能够自动记录、计算和储存数据。电子测角是通过度盘取得光电信号，将光电信号转换为角值。根据取得信号的方式不同，电子测角可分为编码度盘测角、光栅度盘测角等。本节主要介绍光栅度盘测角原理。

3.6.1　光栅度盘测角原理

图 3-15　电子经纬仪

光栅就是刻有许多宽度和间隔都相等的直线条纹的光学器件，它由许多等间隔的透光的缝隙和不透光的刻划线所组成。刻在圆盘上的等角距的光栅称为径向光栅，如图 3-16（a）所示。设光栅的栅线（不透光）和缝隙宽度均为 a，栅距 $d=a+a$，它们都对应一个角度值。将密度相同的两块光栅重叠放置，并使它们的栅线倾斜一个小角 θ，这时就会产生一个明暗相间的条纹（莫尔条纹），如图 3-16（b）所示。条纹的亮度按正弦周期变化，在照准目标的过程中，仪器的接收元件可以累计出条纹的移动量，经转换得到角度值。

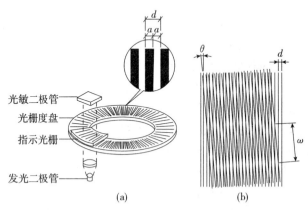

图 3-16　光栅度盘测角原理

3.6.2　电子经纬仪的使用

利用电子经纬仪进行角度测量的方法与光学经纬仪基本相似，仅读数方法略有差别。由于电子经纬仪利用读数显示屏代替了光学经纬仪的读数显微镜，所以可以直接从读数显示屏上读取观测值。

3.6.2.1　仪器初始化　打开电源，旋转望远镜，使读数显示屏显示出角度值为止，初始化结束。

3.6.2.2 瞄准目标、读数　旋转望远镜，瞄准观测目标，在仪器的显示屏上直接读取水平度盘读数和竖直度盘读数。如果需要设置初始方向值，可通过操作面板上的"0 SET"键进行设置。

- -

思　考　题

1. 什么是水平角？什么是竖直角？
2. 经纬仪对中、整平的目的是什么？
3. 简述水平角的观测方法。
4. 如何计算竖盘指标差？
5. 简述竖直角的观测方法。

4 距离测量

距离测量就是测定地面两点间的水平距离。按照所用仪器、工具和测量原理的不同，主要有钢尺量距、视距测量、电磁波测距等方法。

4.1 钢尺量距

4.1.1 量距工具

4.1.1.1 钢尺 钢尺长度有 20m、30m、50m 等，如图 4-1 所示。按零点位置的不同，钢尺分为端点尺和刻线尺两种。端点尺是以尺的最外端作为尺的零点，如图 4-2（a）所示，刻线尺是以尺前端的一条刻线作为尺的零点，如图 4-2（b）所示。

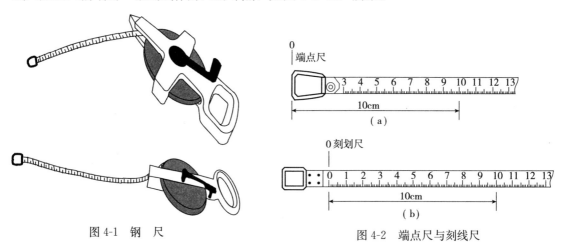

图 4-1 钢 尺　　　　　图 4-2 端点尺与刻线尺

4.1.1.2 辅助工具 钢尺量距中辅助工具有测钎、标杆、垂球等，精密距离丈量还需要弹簧秤、温度计等（图 4-3）。测钎长 30～40cm，用来标志所量尺段的起、迄点和计算整尺段数。标杆长 2～3m，杆上涂以 20cm 间隔的红、白漆，以便远处清晰可见，用于直线定线。弹簧秤用于对钢尺施加规定的拉力。温度计用于测定钢尺量距时的温度，以便对钢尺丈量的距离进行温度改正。

4.1.2 直线定线

距离丈量时，如果两点间距离较远或地面起伏较大，需要在直线方向上标定若干点，以便分段丈量，这项工作称为直线定线。

4.1.2.1 目估定线 如图 4-4 所示，设 A、B 为待测距离的两个端点，且互相通视。要在 A、B 直线上定出 1、2 两点，先在 A、B 两点上竖立标杆，观测员甲站在 A 点标杆后，自 A 点标杆目测瞄准 B 点标杆，指挥乙左右移动标杆，直至 1 点标杆位于 AB 直线上。同法可定出 2 点。

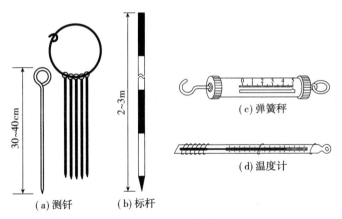

图 4-3 钢尺量距辅助工具

4.1.2.2 经纬仪定线 经纬仪安置在直线一个端点，对中、整平后，用望远镜十字丝竖丝瞄准直线另一端点，制动照准部，上下转动望远镜，指挥两点间的持杆作业员左右移动标杆，直至标杆落在十字丝竖丝方向上。

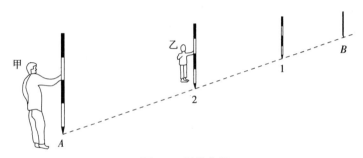

图 4-4 目估定线

4.1.3 钢尺量距的一般方法

4.1.3.1 平坦地面的距离丈量 如图 4-5 所示，丈量 A、B 两点间的水平距离 D_{AB}，在直线两端点 A、B 竖立标杆，后尺手持钢尺零端位于起点 A，指挥定线，前尺手持钢尺末端，在一整尺段时插下一根测钎，得到 1 点。同法，依次测到终点。每段量测结束后，后尺手收起测钎。若最后不足一个整尺段长度为 q，则 A、B 两点间的水平距离 D_{AB} 按下式计算：

$$D_{AB} = nl + q \qquad (4-1)$$

式中：n——整尺段数；

$\quad\quad\quad l$——整尺段长；

$\quad\quad\quad q$——不足一整尺的余长。

为了提高量距精度，一般采用往、返测量。上述为往测，返测时由 B 点量至 A 点，并要重新定线。往返丈量距离之差称为较差，用 ΔD_{AB} 表示，即

$$\Delta D_{AB} = D_{AB} - D_{BA} \qquad (4-2)$$

较差 ΔD_{AB} 的绝对值与往返丈量平均距离 $\overline{D}_{AB}$ 之比，称为相对误差，用 K 表示，作为衡量距离丈量的精度指标。K 通常以分子为 1 的分数形式表示，即

图 4-5 平坦地面的距离丈量

$$K = \frac{|D_{AB} - D_{BA}|}{\overline{D}_{AB}} = \frac{|\Delta D|}{\overline{D}_{AB}} = \frac{1}{\dfrac{\overline{D}_{AB}}{|\Delta D|}} = \frac{1}{M} \qquad (4-3)$$

【例 4-1】钢尺丈量 AB 直线的距离，往测距离为 145.220m，返测距离为 145.250m，平均距离为（145.250m＋145.220m）/2＝145.235m，则相对误差为

$$K_{AB} = \frac{|145.220 - 145.250|}{145.235} = \frac{1}{4\ 841}$$

相对误差的分母越大，说明量距精度越高。对于图根导线的钢尺量距，平坦地区的相对误差一般不应大于 1/3 000，困难地区也不应大于 1/1 000。

4.1.3.2 倾斜地面的距离丈量

（1）平量法。

当地势起伏不大时，可将钢尺拉平丈量。如图 4-6（a）所示，丈量由 A 点向 B 点进行。将钢尺一端紧贴地面，另一端抬高、拉平、拉紧，并用垂球在地面上标出位置，插上测钎。若地面坡度较大，可缩短尺段长度，如图 4-6（b）所示。AB 直线的长度计算：

$$D = l_1 + l_2 + \cdots + l_i \qquad (4-4)$$

式中 l_i 可以是整尺长。

（2）斜量法。如图 4-7 所示，当地面的坡度较均匀时，可以沿着斜坡丈量出 AB 的斜距 L，测出地面倾斜角 α 或 A、B 两点间高差 h，然后按下式计算：

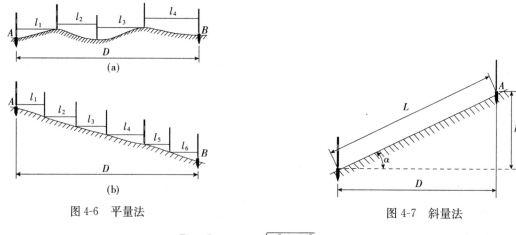

图 4-6 平量法

图 4-7 斜量法

$$D = L\cos\alpha = \sqrt{L^2 - h^2} \qquad (4-5)$$

4.1.4 钢尺量距的误差分析

影响钢尺量距精度的因素很多，主要的误差来源有下列几种。

4.1.4.1 定线误差 量距时，钢尺没有准确地放在所量距离的直线方向上，所量距离是一条折线而不是直线，造成丈量结果偏大，这种误差称为定线误差。特别是目估定线，应使各段偏离直线方向的距离小于 0.3m，有条件的情况下，采用经纬仪定线。

4.1.4.2 尺长误差 如果钢尺的名义长度和实际长度不符，其差值称为尺长误差。尺长误差具有累积性，对量距的影响随着距离的增加而增加。在精密量距时应加尺长改正，消除此项误差。

4.1.4.3 温度引起的误差 钢尺的长度随温度而变化，当丈量时的温度与钢尺检定时的标准温度不一致时，将产生丈量误差。精密量距时，应测量温度，进行温度改正。

4.1.4.4 拉力误差 钢尺材料具有弹性，受拉会伸长。丈量中仅凭手臂感觉，难以保证与钢尺鉴定时的拉力一致，从而产生拉力误差。精密量距时应使用弹簧秤，使其拉力与钢尺鉴定时的拉力相同。

4.1.4.5 丈量误差 钢尺对点误差、测钎误差及读数误差等都会影响丈量结果，影响可正、可负，大小不定。所以在丈量中要仔细认真，并采用多次丈量取平均值的方法，以提高量距精度。

4.2 视距测量

视距测量是能够同时测定地面两点间水平距离和高差的一种方法。这种方法操作简便、迅速，但测距精度较低，一般为 1/300～1/200。

4.2.1 视距测量原理

4.2.1.1 视线水平时视距测量原理 如图 4-8 所示，欲测定 A、B 两点间水平距离 D，在 A 点安置仪器，B 点竖立视距尺，望远镜视线水平，与视距尺垂直。

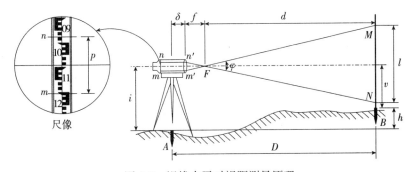

图 4-8 视线水平时视距测量原理

通过望远镜上、下丝 n、m 可读得尺上 N、M 两点的读数，两读数的差值 l 称为尺间隔，$l=$ 下丝读数－上丝读数，F 为望远镜物镜焦点。

由图 4-8 可知，$\triangle n'm'F$ 与 $\triangle NMF$ 相似，则

$$d = \frac{f}{p}l \qquad\qquad (4\text{-}6)$$

式中：f——望远镜物镜的焦距；

　　　d——焦点到视距尺的距离；

　　　p——望远镜上、下丝的间距。

仪器中心至视距尺的水平距离 D 为

$$D = d + f + \delta = \frac{f}{p}l + f + \delta \tag{4-7}$$

式中：δ——物镜中心到仪器中心的距离。

令 $k = \dfrac{f}{p}$，称为视距乘常数，通过选择合适的透镜与十字丝分划板，可使 $k = 100$；令 $C = f + \delta$，称为视距加常数，则有

$$D = kl + C \tag{4-8}$$

对于内调焦望远镜，设计制造仪器时 $C = 0$，则视线水平时的视距计算公式为

$$D = kl \tag{4-9}$$

当视线水平时，量取仪器高 i，读取十字丝中丝读数 v，则 A、B 两点的高差为

$$h = i - v \tag{4-10}$$

4.2.1.2 视线倾斜时视距测量原理 当地面起伏较大时，必须将望远镜倾斜才能照准视距尺（图 4-9）。此时的视线不垂直于视距尺，所以不能直接应用式（4-9）及式（4-10）计算水平距离和高差。

如图 4-9，视距尺立于 B 点时的尺间隔 $l = MN$，竖直角为 α。假定将视距尺旋转 α 角，使尺面与中丝视线垂直，尺间隔 $l' = M'N'$，按式（4-9）可得 $D' = kl'$，则水平距离 D 为

$$D = D'\cos\alpha = kl'\cos\alpha \tag{4-11}$$

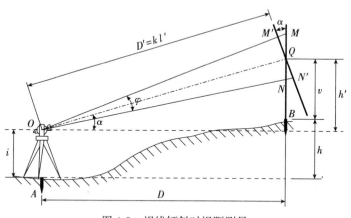

图 4-9　视线倾斜时视距测量

在 $\triangle MQM'$ 和 $\triangle NQN'$ 中，$\angle MQM' = \angle NQN' = \alpha$，由于十字丝上、下丝间夹角很小，$\varphi$ 约为 $34'$，所以 $\angle QM'M$ 和 $\angle QN'N$ 可近似地认为是直角，则

$$l' = M'N' = MQ\cos\alpha + NQ\cos\alpha$$
$$= (MQ + NQ)\cos\alpha$$
$$= MN\cos\alpha$$
$$= l\cos\alpha \tag{4-12}$$

视线倾斜时的水平距离计算公式：

$$D = kl\cos^2\alpha \qquad\qquad (4\text{-}13)$$

由图 4-9 可得

$$h' = D'\sin\alpha = kl\cos\alpha\sin\alpha = \frac{1}{2}kl\sin2\alpha \left.\right\}$$

或

$$h' = D\tan\alpha$$

$$\qquad\qquad (4\text{-}14)$$

式中的 h' 又称为高差主值。

视线倾斜时的高差计算公式：

$$\begin{aligned} h &= h' + i - v \\ &= \frac{1}{2}kl\sin2\alpha + i - v \\ &= D\tan\alpha + i - v \end{aligned} \qquad\qquad (4\text{-}15)$$

式中：i——仪器高；

v——十字丝中丝读数。

4.2.2 视距测量观测与记录

视距测量的观测程序如下：

(1) 安置仪器于测站点上，对中、整平，量取仪器高。

(2) 在待测点上竖立视距尺。

(3) 转动仪器，照准视距尺，调节竖盘指标水准管使气泡居中，分别读取上丝、下丝、中丝读数及竖盘读数。

(4) 利用式（4-13）和式（4-15），计算水平距离和高差，根据测站点高程计算测点高程。

具体算例见表 4-1。

表 4-1 视距测量观测与记录表

测站：A　　测站高程：52.51m　　　仪器高：1.42m

点号	下丝读数 上丝读数 尺间隔/m	中丝读数 v/m	竖盘读数 L		竖直角 α		水平距离 D/m	高差 h/m	高程 H/m
			°	′	°	′			
B	1.768 0.934 0.834	1.35	92	45	-2	45	83.21	-3.93	48.58
C	2.440 1.862 0.578	2.15	88	25	+1	35	57.76	+0.87	53.38

注：竖直角计算公式 $\alpha = 90° - L$。

4.2.3 视距测量的误差分析

4.2.3.1 仪器误差　视距乘常数 k 对视距测量的影响较大，而且其误差不能采用观测的方法予以消除，因此使用仪器之前应对 k 值进行检定。竖直度盘指标差的残余部分，可采用盘左、盘右观测取平均的方法消除。

4.2.3.2 读数误差 视距丝读数误差与视距尺最小分划的宽度、距离的远近、望远镜的放大率及成像清晰度等因素有关。距离越远误差越大，所以视距测量中要根据精度的要求限制最远视距。

4.2.3.3 视距尺倾斜误差 视距尺倾斜使得读取的标尺读数偏大。山区测量时的竖直角一般较大，此时应特别注意将标尺竖直。为减小该项影响，有的视距尺上安装有圆水准器。

4.2.3.4 外界条件的影响 外界条件的影响主要来源于大气折光、空气对流等。近地面的大气折光使视线产生弯曲，在日光照射下，大气湍流会使成像晃动，风力使视距尺摇动，这些因素都会使视距测量产生误差。因此，视距测量时，视线不能离地面太近，一般要高出地面 1m，选择适宜的天气进行观测。

4.3 电磁波测距

电磁波测距是用电磁波（光波或微波）作为载波传输测距信号，测量两点间距离的一种方法，具有测量速度快、方便、受地形影响小、测程长、测量精度高等特点。

4.3.1 电磁波测距的基本原理

电磁波测距仪通过测量电磁波在待测距离上往、返传播一次所需要的时间来计算待测距离（图 4-10）。

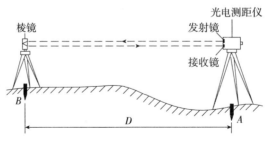

图 4-10 光电测距原理

为了测定 A、B 两点间的距离 D，在 A 点安置测距仪，B 点安置反射镜。从 A 点测距仪发射的电磁波，经 B 点棱镜反射回测距仪并被接收。若电磁波往、返传播所需要的时间为 t，电磁波在大气中传播速度为 c（c 约为 3×10^8 m/s），则

$$D = \frac{1}{2}ct \qquad\qquad (4\text{-}16)$$

由式（4-16）可知，电磁波测距的精度主要取决于时间测量的精度。但 t 值很小，要测定微小的时间间隔非常困难。因此，根据测量时间的方法不同，电磁波测距仪分为脉冲式和相位式两种。脉冲式测距的精度较低，常用于远程测距，如激光雷达等；相位式测距精度高，应用范围广。

4.3.2 相位式电磁波测距仪的工作原理

相位式电磁波测距仪是测量电磁波在待测距离上往、返传播的相位移。

如图 4-11 所示，由 A 点发射的电磁波，经 B 点反射后回到 A 点。将电磁波在往、返距离上的波形展开，形成连续的正弦曲线。正弦电磁波振荡周期为 2π，设发射的电磁波经过 $2D$ 距离后的相位移为 φ，则 φ 可以分解为 N 个 2π 整数周期和不足一个整数周期相位移 $\Delta\varphi$，即

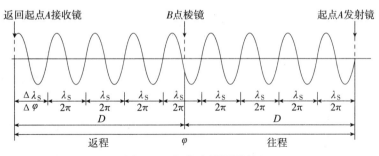

图 4-11　相位法测距原理

$$\varphi = 2\pi N + \Delta\varphi \qquad (4\text{-}17)$$

电磁波的频率为 f，角频率为 ω，信号往返所产生的相位移：

$$\varphi = \omega t = 2\pi f t$$

则

$$t = \frac{\varphi}{2\pi f} \qquad (4\text{-}18)$$

将式（4-18）代入式（4-16），得

$$D = \frac{c}{2f} \times \frac{\varphi}{2\pi}$$

因为

$$\lambda = \frac{c}{f}$$

所以

$$D = \frac{\lambda}{2} \times \frac{\varphi}{2\pi} \qquad (4\text{-}19)$$

将式（4-17）代入式（4-19），得

$$D = \frac{\lambda}{2}\left(N + \frac{\Delta\varphi}{2\pi}\right) = \frac{\lambda}{2}(N + \Delta N) \qquad (4\text{-}20)$$

式中，$\Delta N = \dfrac{\Delta\varphi}{2\pi}$，$0 < \Delta N < 1$，$\dfrac{\lambda}{2}$ 为正弦波的半波长，又称测距仪的测尺。

式（4-20）与钢尺量距的情况相似。$\lambda/2$ 相当于整尺长，N 和 ΔN 相当于整尺段数和不足一个整尺段的余长。因为 $\lambda/2$ 已知，只要测出 N 和 ΔN，就可以求得距离 D。但测距仪的测相装置只能测量 $0 \sim 2\pi$ 的相位变化，无法确定相位移 φ 中包含 2π 的整倍数 N。因此在相位式测距仪中，采取发射两个或两个以上不同频率的调制光波，然后将不同频率的调制光波所测得的距离正确衔接起来就可以得到被测距离。其中频率较低的测尺称为粗测尺，频率较高的测尺称为精测尺。

4.3.3　手持测距仪简介

手持测距仪是一种用于短程测距的仪器。工作时只需要向目标发射激光，无须特定的反射物即可实现距离测量，具有体积小、携带方便等特点。如图 4-12 所示，以徕卡手持测距仪为例，介绍仪器的使用方法。

4.3.3.1 主要技术指标

测程：0.05～60m。

最小显示单位：1mm。

波长：635nm。

电源：2 节 1.5 V7 号 AAA 电池，可测量 5 000 次。

使用环境：存储温度－25～＋70℃，操作温度 0～＋40℃。

4.3.3.2 手持式测距仪使用方法

（1）单次距离测量。将指示激光对准目标，按下 ON 键开始测距，屏幕上显示测量结果。

（2）延迟测量。按住"延时测量键"2s 后松开，延迟测量功能启动，仪器默认设置的固定延迟时间是 5s，按"＋"键一次增加 1s 延时，按"－"键减少 1s。

（3）持续测量。按住 ON 键，听到蜂鸣声，持续测量开始，再按 ON 键持续测量停止，显示最后一个测量值。

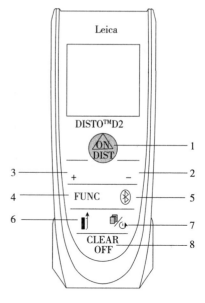

图 4-12　徕卡手持测距仪

1. 开机测量键　2. 减键　3. 加键　4. 功能键
5. 背景照明/单位键　6. 测量基准边键
7. 历史存储/延时测量键　8. 清除/关闭键

（4）最大、最小距离测量。按 ON 键 2s 后松开，仪器进入跟踪测距模式，屏幕显示激光照准在不同位置时的距离值，再次按 ON 键停止测量，显示最大和最小距离值。

4.4　直线定向

确定直线与标准方向间的关系称为直线定向。

4.4.1　标准方向的种类

测量中常以真子午线方向、磁子午线方向、坐标纵轴方向作为标准方向，如图 4-13 所示。

4.4.1.1　真子午线方向　通过地面某点指向地球南北极的方向，称为该点的真子午线方向，又称真北方向。

4.4.1.2　磁子午线方向　磁针水平静止时所指示的方向，称为磁子午线方向，又称磁北方向。

4.4.1.3　坐标纵轴方向　坐标纵轴方向是高斯平面直角坐标系中的纵坐标方向，又称坐标北方向。

真子午线方向、磁子午线方向、坐标纵轴方向即三北方向。

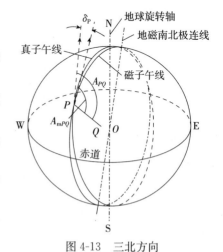

图 4-13　三北方向

4.4.2　直线方向的表示方法

4.4.2.1　方位角　从标准方向北端起，顺时针方向到直线的水平夹角，称为该直线的方位角，其范围为 $0°\sim360°$。若分别以真子午线、磁子午线、坐标纵轴为标准方向，所对应的方位角分别称为真方位角 A、磁方位角 A_m、坐标方位角 α（图4-14）。

4.4.2.2　三种方位角之间的关系

（1）真方位角与磁方位角的关系。由于地磁南北极与地球南北极并不重合，因此，地面上任一点的磁子午线方向与真子午线方向也不一致，它们之间的夹角称为磁偏角 δ。

磁针北端偏于真子午线以东称为东偏，磁偏角为正；偏于真子午线以西称为西偏，磁偏角为负。如图4-14所示，真方位角 A 与磁方位角 A_m 的关系为

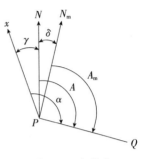

$$A=A_m+\delta \qquad (4-21)$$

磁偏角的大小随地点的不同而异，即使在同一地点，由于地磁经常变化，磁偏角的大小也有变化。

（2）真方位角与坐标方位角的关系。中央子午线在高斯投影平面上为一条直线，其他各点的真子午线收敛于地球两极。真子午线方向与坐标纵轴方向间的夹角称为子午线收敛角 γ。

图4-14　方位角

以真子午线方向北端为基准，坐标纵轴偏于真子午线以东，子午线收敛角为正；偏于真子午线以西，子午线收敛角为负。如图4-14所示，真方位角 A 与坐标方位角 α 的关系为

$$A=\alpha+\gamma \qquad (4-22)$$

（3）坐标方位角与磁方位角的关系。由式（4-21）和式（4-22）可得坐标方位角 α 与磁方位角 A_m 的关系：

$$\alpha=A_m+\delta-\gamma \qquad (4-23)$$

由于地面上各点的真（磁）子午线方向都是指向地球南北极的，使得同一条直线两个端点的真（磁）方位角也不相同，这给测量工作带来不便。但在高斯坐标系内，坐标纵轴是互相平行的，用坐标方位角来表示直线方向，可使计算工作更为简便，如图4-15所示。若直线 12 的坐标方位角 α_{12} 称为正方位角，则直线 21 的坐标方位角 α_{21} 称为反方位角。

显然，一条直线的正、反坐标方位角相差 $180°$，即

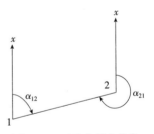

$$\alpha_{12}=\alpha_{21}\pm180° \qquad (4-24)$$

图4-15　正反坐标方位角

✏ 思　考　题

1. 什么是直线定线？如何进行直线定线？
2. 简述视距测量的原理。
3. 什么是直线定向？
4. 标准方向有哪几种？它们之间有何关系？
5. 什么是方位角？坐标方位角有何特点？

5 全　站　仪

5.1 全站仪的原理

5.1.1 全站仪简介

全站仪是"全站型电子速测仪"的简称，是集光、机、电于一体的智能型测绘仪器。全站仪通过输入、输出设备，可以与计算机交互通信，使测量数据直接进入计算机，进行计算、编辑和绘图。测量作业所需已知数据也可以通过计算机输入全站仪。

全站仪主要由电源、电子测角、电子测距、中央处理器、输入输出装置等部分组成。电源部分是可充电电池，为其他各部分供电。测角部分为电子经纬仪，可以测定水平角、竖直角和设置方位角。测距部分为光电测距，可以测定两点之间的距离；中央处理器接受输入、输出指令，控制各种作业方式，进行数据处理等；输入输出装置包括键盘、显示屏和双向数据通信接口。全站仪在设计中要严格保证望远镜的视准轴、光电测距的测距波发射光轴、接收光轴三轴同轴。

5.1.2 全站仪测量原理

全站仪的基本测量原理是电子测距技术和电子测角技术。电子测距技术与电磁波测距原理相同，下面对电子测角技术做简要介绍。

电子测角是用一套角码转换系统来代替传统的光学读数系统。目前，这套转换系统有两类：一类是采用光栅度盘的所谓"增量法"测角，一类是采用编码度盘的所谓"绝对法"测角。光栅度盘原理见第3章的"电子经纬仪"一节，本节主要介绍编码度盘测角的基本原理，如图5-1所示。

编码度盘是类似于普通光学度盘的玻璃码盘，在此平面上分布着若干宽度相同的同心圆环，每一环带表示一位二进制编码，称为码道。再将全圆划分成若干扇区，每个扇区有几个梯形，如果每个梯形分别以透光表示"1"，

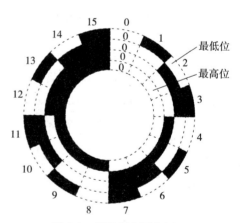

图 5-1　编码度盘测角原理

不透光表示"0"，则该扇形可以用几个二进制数表示其角值。例如，用四位二进制表示角值，将圆环分成16个扇区，则度盘刻划值为22.5°，这显然没有实际意义。因此，要提高测角精度，就要增加码道及扇区，但因为度盘直径有限，码道越多，靠近度盘中心的扇形间隔越小，故一般将度盘刻成适当的码道，再利用测微装置来达到细分角值的目的。

5.2 全站仪的使用

全站仪的功能可分为两种模式：一种是基本测量模式，包括角度测量、距离测量、坐标测量；另一种是特殊测量模式，包括悬高测量、偏心测量、对边测量、放样、后方交会、面积计算、道路设计与放样等，适用于各种专业测量。目前国内外有各种品牌和型号的全站仪，在仪器外观、结构、性能和操作方法上各有不同，但总体来说在实现的功能上大同小异。下面以海星达 ATS-320 系列全站仪为例进行介绍（图 5-2）。

5.2.1 海星达 ATS-320 系列全站仪技术指标

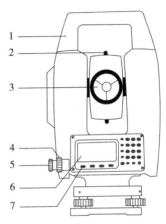

测角精度：$\pm 2''$。

测距精度：$\pm(2+2\times10^{-6}D)$。

最大测程：2 500m。

望远镜放大率：30 倍。

仪器倾斜补偿范围：$\pm 3'$。

机身内存大小：20 000 点。

电源：7.4V，4 400mAH 可充电高能锂电池，可连续工作 16h。

工作温度：$-20\sim+50℃$。

图 5-2　全站仪

1. 提手　2. 粗瞄准器　3. 物镜　4. 水平制动手轮
5. 水平微动手轮　6. 显示屏　7. 按键

5.2.2 基本测量功能介绍

全站仪通过键盘输入指令进行操作，ATS-320 系列全站仪的操作面板如图 5-3 所示，按键功能见表 5-1。

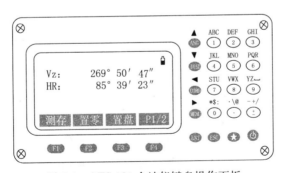

图 5-3　ATS-320 全站仪键盘操作面板

表 5-1　ATS-320 全站仪按键功能

按键	名称	功　　能
ANG	角度测量键	进入角度测量模式。在其他模式下，光标向上移动或向上选取选择项
DIST	距离测量	进入距离测量模式。在其他模式下，光标向下移动或向下选取选择项
CORD	坐标测量键	进入坐标测量模式。在其他模式下，光标向左移动或向左选取选择项

（续）

按键	名称	功　　能
MENU	菜单键	进入菜单模式。其他模式中光标向右移动或向右选取选择项
ENT	回车键	接受、保存输入的数据并结束对话
ESC	退出键	结束对话框，但不保存其输入
⏻	电源开关	控制电源的开/关
F1～F4	软功能键	具体功能与显示屏下方文字提示有关
0～9	数字键	输入数字和字母或选取菜单项
· \ @	符号键	输入符号、小数点、正负号
★	星键	设置屏幕亮度、对比度、背景照明、补偿器开关等参数

5.2.2.1　角度测量模式　仪器开机后，自动进入角度测量模式，其他模式中按下 ANG 键也可返回角度测量模式。其界面共有两个菜单页面，如图5-4，各按键功能见表5-2。

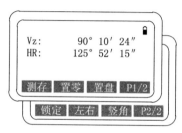

图 5-4　角度测量模式界面

表 5-2　角度测量模式界面显示符号功能

页面	软键	显示符号	功　　能
1	F1	测存	将测量数据记录到选择的文件中
	F2	置零	水平角置零
	F3	置盘	通过键盘输入设置水平角
	F4	P1/2	显示第二页菜单页面
2	F1	锁定	水平角读数锁定
	F2	左右	切换水平角左角/右角显示模式
	F3	竖角	切换垂直度盘读数显示方式（高度角、天顶距、坡度等）
	F4	P2/2	显示第一页菜单页面

5.2.2.2　距离测量模式　照准棱镜，按 DIST 键进入距离测量模式，其界面共有两个菜单页面，如图5-5所示，各按键功能见表5-3。

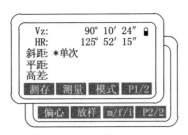

图 5-5 距离测量模式界面

表 5-3 距离测量模式界面显示符号功能

页面	软键	显示符号	功　　能
1	F1	测存	启动距离测量，并将测量结果记录到选择的文件中
	F2	测量	启动距离测量
	F3	模式	四种测距模式（单次/ N 次精测/粗测/跟踪）的切换
	F4	P1/2	显示第二页菜单页面
2	F1	偏心	启动偏心测量功能
	F2	放样	启动放样功能
	F3	m/f/i	设置距离单位（米/英尺/英寸）
	F4	P2/2	显示第一页菜单页面

5.2.2.3 坐标测量模式　照准棱镜，按 CORD 键进入坐标测量模式，其界面共有三个菜单页面，如图 5-6 所示，各按键功能见表 5-7。

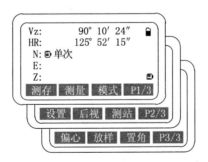

图 5-6 坐标测量模式界面

表 5-4 坐标测量模式界面显示符号功能

页面	软键	显示符号	功　　能
1	F1	测存	启动坐标测量，并将测量结果记录到选择的文件中
	F2	测量	启动坐标测量
	F3	模式	四种测距模式（单次/N 次精测/粗测/跟踪）的切换
	F4	P1/3	显示第二页菜单页面

（续）

页面	软键	显示符号	功　　　　能
2	F1	设置	设置目标高和仪器高
	F2	后视	设置后视点坐标，并设置后视角度
	F3	测站	设置测站点坐标
	F4	P2/3	显示第三页菜单页面
3	F1	偏心	启动偏心测量功能
	F2	放样	启动放样功能
	F3	置角	通过键盘输入设置水平角
	F4	P3/3	显示第一页菜单页面

以上仅对 ATS-320 系列全站仪基本测量模式做了简要介绍，具体操作步骤可参阅随机配备的使用手册。

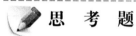 思 考 题

1. 试述全站仪测角和测距的基本原理。
2. 全站仪的基本功能有哪些？

6 全球导航卫星系统

6.1 全球导航卫星系统概述

GNSS 的全称是全球导航卫星系统（global navigation satellite system），泛指全球所有的卫星导航系统。

6.1.1 全球导航卫星系统

目前正在运行和计划实施的全球导航卫星系统主要有：

（1）全球定位系统（GPS）。该系统是美国国防部于 1973 年开始研制，1978 年首次发射卫星，1994 年完成 24 颗中等圆轨道卫星组网。GPS 作为新一代卫星导航定位系统，在军事、交通运输、测绘等领域得到了广泛应用。

（2）全球导航卫星系统（global navigation satellite system，GLONASS）。GLONASS 是前苏联从 20 世纪 80 年代初开始建设，现由俄罗斯负责管理和维持。该系统的整体结构类似于 GPS 系统，可以为任何地方及近地空间的用户提供连续、精确的三维坐标等信息。

（3）伽利略卫星导航系统（Galileo）。Galileo 系统是欧洲自主的、独立的全球多模式卫星定位导航系统，可提供高精度、高可靠性的定位服务，并向用户提供公开服务、安全服务、商业服务、政府服务等不同服务模式。

（4）北斗导航卫星系统（Bei Dou navigation satellite system，BDS）。BDS 系统是由我国自主研制、组建、独立运行并与世界上其他主要导航卫星系统兼容的导航卫星系统。2000 年 10 月和 2000 年 12 月相继发射了两颗试验卫星，组成我国第一代导航卫星定位系统；2003 年 5 月发射了第三颗"北斗"导航备份卫星；2013 年 12 月第二代北斗导航卫星系统正式投入使用，向中国及周边地区提供连续的无源导航、定位、授时及短电文通信等服务。第二代北斗导航卫星系统预计在 2020 年左右完成建设并投入运行。

6.1.2 全球导航卫星系统的特点

6.1.2.1 定位精度高　为各类用户连续提供动态目标的三维位置、三维速度和时间信息。单点实时定位精度优于 10m，静态相对定位精度可达到甚至优于 10^{-8}。

6.1.2.2 定位速度快　快速静态相对定位测量时，流动站观测时间只需 $1\sim2$min；动态定位仅需数秒即可达到厘米级甚至毫米级精度。

6.1.2.3 无须测站间通视　测量中不要求测站之间互相通视，只需要测站上空开阔。点位位置选择灵活，不仅可以保证控制网有良好的图形，而且可以节省大量造标费用。

6.1.2.4 可同时提供三维坐标　传统测量方法将平面与高程分开施测，甚至相对于不同的参考系。卫星定位系统可同时精确测定站点的三维坐标，而且同时测量、统一处理，具有相同的参考系。

6.1.2.5 全天候作业 一般不受气候因素的影响，可在一天 24h 内的任何时间进行观测。

6.1.2.6 操作简便 随着接收机硬件和软件的不断改进，自动化程度越来越高，已达到"傻瓜化"的程度，极大地减轻了外业测量工作强度。观测过程中，测量人员只需要完成仪器的对中、整平，量取仪器高度、开关仪器等简单操作。

6.1.3 全球导航卫星系统应用简介

GNSS 不仅用于军事导航和定位，而且在国民经济建设和科学技术领域发挥着重要作用。

（1）建立国家高精度 GPS 网、全国性地壳形变监测网及区域性地壳形变监测网等。

（2）布设各类工程测量控制网，如铁路、公路、输电线路、管线等。解决了常规布设控制网图形强度不好、误差大的问题。

（3）用于对桥梁、水库大坝、海上钻井平台、高层建筑等的变形监测，以及地震、滑坡、泥石流等地质灾害的监测，水平精度可达到亚毫米级。

（4）在智能管理方面，可实现对交通运输、物流配送、调度管理、救援等方面的智能化管理及监控。

（5）对农田进行针对性的管理，实行"精准农业耕作"，精确地对农田进行播种、施肥、灭虫等；测定森林面积，估算木材储量，测定森林火灾地区位置和边界等。

6.2 全球导航卫星系统组成

GNSS 主要由空间星座部分、地面监控部分和用户部分组成，如图 6-1 所示。

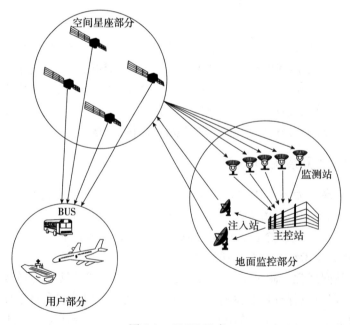

图 6-1 GNSS 组成

6.2.1 空间星座部分

6.2.1.1 GPS 空间星座 GPS 空间星座由 24 颗卫星构成，其中 21 颗工作卫星和 3 颗备用卫星，均匀分布在 6 个轨道平面上，每个轨道面分布 4 颗卫星，轨道为椭圆形，轨道面倾角 55°，各轨道面之间相距 60°，轨道平均高度为 20 200km，卫星运行周期为 11h 58min，如图 6-2 所示。

6.2.1.2 GLONASS 空间星座 GLONASS 星座由 24 颗卫星组成，均匀分布在三个轨道面上，每个轨道面分布 8 颗卫星。轨道面倾角 64.8°，轨道面间的夹角为 120°，轨道平均高度为 19 100km，卫星运行周期为 11h 15min 44s，如图 6-3 所示。

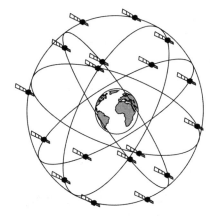
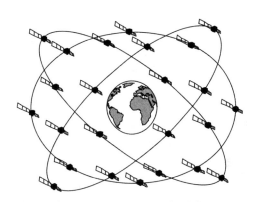

图 6-2　GPS 空间星座　　　　　　　图 6-3　GLONASS 空间星座

6.2.1.3 Galileo 空间星座 Galileo 系统由 30 颗卫星组成，其中 23 颗工作卫星和 7 颗备用卫星。卫星分布在 3 个中地球轨道（MEO）上，每个轨道面 9 颗工作卫星和 1 颗备用卫星，轨道面倾角 56°，轨道面间夹角 120°，轨道平均高度为 23 616km，卫星运行周期 14h 7min，如图 6-4 所示。

6.2.1.4 BDS 空间星座 北斗空间星座由 5 颗地球静止轨道（GEO）卫星、4 颗中圆地球轨道（MEO）卫星和 3 颗倾斜地球同步轨道（IGSO）卫星组成。GEO 卫星轨道高度为 35 786km，运行周期为 23h 56min 4s，与地球自转周期相同，5 颗 GEO 卫星分别位于东经 58.75°、80°、110.5°、120° 和 160°；MEO 卫星轨道平均高度为 21 528km，轨道面倾角 55°，卫星分布在 2 个轨道面上，卫星运行周期为 12h 50min；IGSO 卫星轨道高度为 35 786km，轨道倾角 55°，如图 6-5 所示。

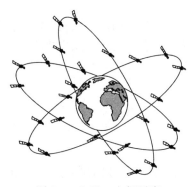
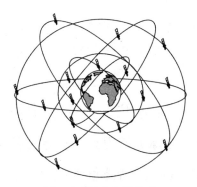

图 6-4　Galileo 空间星座　　　　　　图 6-5　BDS 空间星座

6.2.2 地面监控部分

卫星运行过程中，由于各种外力的作用，卫星轨道会发生摄动。为测量和调整卫星的工作状态，建立地面监控系统，对导航卫星进行连续跟踪监测，收集卫星观测信息，进行数据处理，生成卫星导航电文等，并将这些数据注入卫星中去，对卫星进行控制。例如，GPS卫星地面监控系统由1个主控站、3个注入站和5个监测站组成，如图6-6所示。GLONASS地面控制站组包括一个系统控制中心，一个指令跟踪站。地面控制站组内的激光测距设备对测距数据做周期修正，所有的GLONASS卫星上都装有激光反射镜。

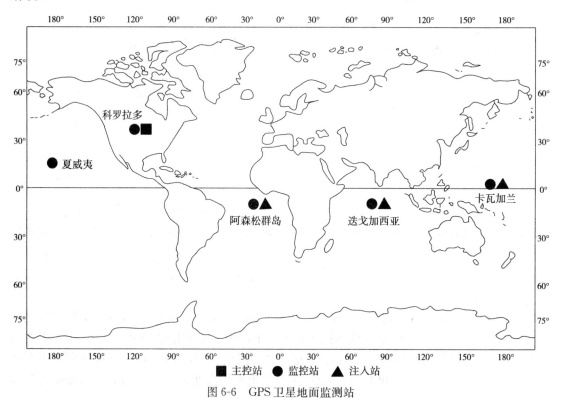

图 6-6　GPS 卫星地面监测站

6.2.3 用户部分

用户部分是指利用卫星进行导航、定位及其他应用的设备。用户接收机接收卫星发射信号，获得必要的导航和定位信息，经数据处理，完成导航和定位工作。用户接收机一般由主机、天线和电源组成。

6.3　全球导航卫星系统定位原理

6.3.1　全球导航卫星系统定位基本原理

GNSS定位的基本原理是空间距离后方交会，根据卫星至接收机的距离与卫星的空间坐标，推算接收机天线相位中心的空间坐标。

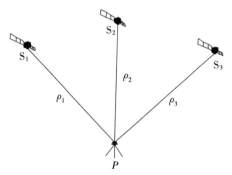

图 6-7　GNSS 定位基本原理

如图 6-7 所示，设在 t_i 时刻接收机天线相位中心 P 至三颗卫星 S_1、S_2、S_3 的空间距离分别为 ρ_1、ρ_2、ρ_3，卫星坐标分别为 $(X^1，Y^1，Z^1)$、$(X^2，Y^2，Z^2)$、$(X^3，Y^3，Z^3)$，使用距离交会法解算 P 点坐标 $(X，Y，Z)$ 的方程为

$$\left.\begin{array}{l} \rho_1^2 = (X-X^1)^2 + (Y-Y^1)^2 + (Z-Z^1)^2 \\ \rho_2^2 = (X-X^2)^2 + (Y-Y^2)^2 + (Z-Z^2)^2 \\ \rho_3^2 = (X-X^3)^2 + (Y-Y^3)^2 + (Z-Z^3)^2 \end{array}\right\} \tag{6-1}$$

由上述方程可以求得 P 点的三维坐标。从原理上讲，只要知道三颗卫星至接收机天线相位中心的距离，就可实现三维坐标的解算。考虑到时钟误差等影响，一般会有 4 个未知量，实际使用时需同时观测 4 颗卫星。

测定卫星至接收机的距离有伪距法及载波相位法，与此对应的卫星定位方法有以下两种。

6.3.2　伪距定位

伪距测量是测定卫星发射的测距码信号到达卫星接收机的传播时间 Δt，根据 $\rho = C \cdot \Delta t$（C 为电磁波传播速度）来确定卫星至接收机天线的距离。

在实际中，接收机测定的信号传播时间 Δt 存在着卫星钟差、接收机钟差、对流层和电离层延迟误差，使求得的距离并不是卫星至接收机的几何距离，故称为伪距。为了解决定位问题，观测时需要将伪距 $\widetilde{\rho}$ 改正为卫星至接收机之间的几何距离 ρ，即

$$\rho = \widetilde{\rho} + C(\delta_T - \delta_t) + \delta_{ion} + \delta_{trop} \tag{6-2}$$

式中：δ_T——接收机的钟差，为未知数；

　　　　δ_t——卫星的钟差，可由卫星发出的导航电文给出；

δ_{ion}、δ_{trop}——电离层延迟和对流层延迟改正，可通过数学模型计算。

在式（6-2）中，卫星至接收机之间的几何距离 ρ 与卫星坐标 $(x，y，z)$、接收机坐标 $(X，Y，Z)$ 之间的关系可表示为

$$\rho = \sqrt{(x-X)^2 + (y-Y)^2 + (z-Z)^2} \tag{6-3}$$

根据式（6-2）和式（6-3），得到伪距测量的观测方程：

$$\widetilde{\rho}^j = \sqrt{(x^j-X)^2 + (y^j-Y)^2 + (z^j-Z)^2} - C(\delta_T - \delta_t^j) - \delta_{ion}^j - \delta_{trop}^j \tag{6-4}$$

式中：j——卫星号，$j = 1，2，3，4，\cdots$；

x^j、y^j、z^j——第 j 颗卫星的三维坐标，可根据导航电文提供的卫星星历算得；

X、Y、Z——卫星接收机天线的三维坐标，待求的未知数。

此外，还有一个钟差 δ_T 是待求解未知数。因此，按式（6-4）解算用户位置时，需要求解 4 个未知数，因而至少要观测 4 颗卫星。

6.3.3 载波相位定位

载波相位测量是利用卫星发射的载波为测距信号，对载波进行相位测量。

如图 6-8 所示，卫星 S 发出波长为 λ 的载波信号，在某一瞬间，该信号在卫星处的相位为 φ_S，在接收机 R 处的相位为 φ_R，此处的 φ_S 和 φ_R 为从同一起点开始计算的载波相位，其中包含整周数 N_0 和不足一个周期的小数部分。由此，可以计算出卫星至接收机天线相位中心的距离：

$$\rho = \lambda \cdot (\varphi_R - \varphi_S)/2\pi = \lambda \cdot \left(N_0 + \frac{\Delta\varphi}{2\pi}\right) \tag{6-5}$$

式中：λ——载波的波长；

$\Delta\varphi$——不足一周的相位值。

式（6-5）为载波相位定位的理论公式。实际上，我们无法获得卫星处的相位 φ_S，如果接收机中的振荡器能产生一组与卫星载波频率及初相位完全相同的基准信号（即用接收机来复制载波），接收机钟与卫星钟能保持完全同步，那么在任意时刻两个载波的相位就严格相同。就可以用接收机产生的基准振荡信号（复制的载波）去取代卫星处的相位 φ_S。

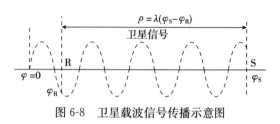

图 6-8 卫星载波信号传播示意图

实际上某时刻载波相位的观测值，是该时刻接收机产生的基准信号相位 Φ_R 与接收机接收到的来自卫星的载波相位 φ_R 之差。若接收机 R 在钟面时刻 t_R 时观测第 i 颗卫星，则相位观测量为

$$\Delta\varphi_R^i(t_R) = \Phi_R(t_R) - \varphi_R^i(t_R) \tag{6-6}$$

式中：$\Phi_R(t_R)$——接收机 R 在时刻 t_R 产生的基准信号相位值；

$\varphi_R^i(t_R)$——接收机 R 在时刻 t_R 收到第 i 颗卫星载波信号的相位值。

将式（6-6）代入式（6-5）可计算出第 i 颗卫星到接收机 R 的距离。计算时，还要考虑卫星钟差、接收机钟差、电离层和对流层的延迟改正，然后由式（6-1）计算测站点的三维坐标。

通常，接收机无法测定载波的整周数 N_0，但可以精确测定不足一个整周数的相位差 $\Delta\varphi$，这样，就出现一个整周未知数（又称整周模糊度）。整周未知数的确定是载波相位测量中的特有问题，也是提高定位精度和定位速度的关键所在。确定整周未知数通常采用伪距法，或将整周未知数当作平差中待定参数进行平差计算。具体处理方法这里不再叙述，请参阅相关书籍。

6.3.4 实时差分定位

6.3.4.1 伪距差分动态定位

差分动态定位（DGPS）是使用两台接收机同步测量来自空

间卫星的导航定位信号。其中一台接收机位于地面固定点（基准点）上，该点的接收机称为基准接收机；另一台安设在运动载体上，称为动态接收机（又称流动站），如图 6-9 所示。

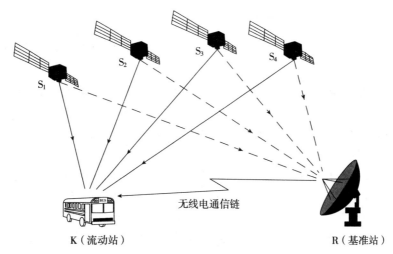

图 6-9 差分定位

下面以伪距动态差分测量为例介绍实时差分测量原理。在式（6-2）中，考虑到卫星星历的影响，得出基准站 R 到第 i 颗卫星的几何距离与伪距的关系：

$$\rho_R^i = \tilde{\rho}_R^i + C(dt_R - dt^i) + \delta_{Rion} + \delta_{Rtrop} + d\rho_R^i \tag{6-7}$$

式中：$d\rho_R^i$——卫星星历引起的距离偏差；

其他符号含义与式（6-2）相同。

式中的真实距离 ρ_R^i 可根据基准站的已知三维坐标和卫星星历精确算得，而伪距 $\tilde{\rho}_R^i$ 可由基准站接收机测得，故伪距改正值为

$$\Delta\rho_R^i = \tilde{\rho}_R^i - \rho_R^i = -C(dt_R - dt^i) - \delta_{Rion} - \delta_{Rtrop} - d\rho_R^i \tag{6-8}$$

在基准接收机进行伪距测量的同时，流动站 K 也对第 i 颗卫星进行伪距测量，所得伪距为

$$\rho_K^i = \tilde{\rho}_K^i + C(dt_K - dt^i) + \delta_{Kion} + \delta_{Ktrop} + d\rho_K^i \tag{6-9}$$

与此同时，基准站将伪距改正值 $\Delta\rho_R^i$ 实时发送给流动站，并改正流动站所测的伪距，则卫星到流动站接收机的距离为

$$\rho_K^i = \tilde{\rho}_K^i + C(dt_K - dt_R) + (\delta_{Kion} - \delta_{Rion}) + (\delta_{Ktrop} - \delta_{Rtrop}) + (d\rho_K^i - d\rho_R^i) \tag{6-10}$$

当流动站距离基准站在 1 000km 以内时，式（6-10）后三项差数为零，则

$$\rho_K^i = \tilde{\rho}_K^i + C(dt_K - dt_R) = \sqrt{(x_K - X_i)^2 + (y_K - Y_i)^2 + (z_K - Z_i)^2} \tag{6-11}$$

如果基准接收机、流动站各观测了 4 颗卫星，则可按式（6-11）列出 4 个方程，即可求得流动站在时元 t 的三维位置。由式（6-9）和式（6-11）可知，差分动态定位的结果，消除了星钟误差、星历误差、电离层与对流层延时误差，显著提高了动态定位的精度。

6.3.4.2 载波相位实时差分（RTK） RTK（real time kinematic）是以载波相位观测值进行的实时动态相对定位的技术。通过数据链将基准站载波相位观测值和基准站的坐标信息实时传送到流动站，流动站一方面通过接收机接收卫星信号，同时还通过无线电接收设备接收

基准站传送的观测数据，然后根据相对定位原理，实时地进行数据处理，并实时给出流动站厘米级精度的三维坐标。

6.3.5 全球导航卫星系统的定位模式

GNSS 定位的作业模式有绝对定位和相对定位两种，其观测值有伪距测量和载波相位测量两种。

6.3.5.1 绝对定位 绝对定位也称为单点定位，就是采用一台接收机进行定位的模式，它所确定的是接收机天线在协议地球坐标系中的绝对位置。所谓"绝对"，就是指此时所对应的参考点为地球质心，即相对于坐标原点的位置，如图 6-10 所示。

绝对定位方法的实质即是空间距离后方交会。因此，在一个测站上至少需要观测 4 颗卫星，用伪距测量或载波相位测量方式，测定待定点的绝对坐标。单点定位按接收机所处的状态分为静态单点定位和动态单点定位。单点定位只用一台接收机，外业观测的组织和实施较为方便，数据处理也都采用比较简单的方法，但定位结果受卫星星历误差和信号传播误差等因素的影响显著，定位精度较低，主要应用于导航和精度要求不高的场合。

6.3.5.2 相对定位 相对定位又称差分定位，它是采用两台或两台以上的接收机对相同卫星进行同步观测，以确定接收机天线间的相对位置关系的一种方法。最简单的相对定位就是将两台接收机分别安置在基线的两端，同步观测相同的卫星，以确定基线端点在大地坐标系中的相对位置或基线向量，在一个端点坐标已知的情况下，即可确定另一个端点的坐标，如图 6-11 所示。在数据处理时利用观测量的不同组合可以有效地消除卫星的轨道（星历）误差、卫星钟差、接收机钟差以及电离层和对流层误差等，从而提高定位的精度。因而此方法广泛地应用于大地测量、精密工程测量、地球动力学研究和精密导航等。

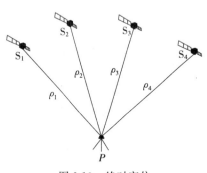

图 6-10 绝对定位

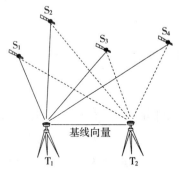

图 6-11 相对定位

6.4 全球导航卫星系统测量的实施

GNSS 测量的实施过程与常规测量一样，包括方案设计、外业测量和内业数据处理三部分。本节主要介绍在工程控制网中采用 GNSS 的定位方法和工作程序。

6.4.1 控制网的设计

GNSS 控制网的设计应根据用户提交的任务要求，执行国家及行业主管部门颁布的规范

（规程），其内容主要包括测量的区域、精度、网形、作业要求等内容。

6.4.1.1 控制网的等级及其用途 2009 年国家质量监督检验检疫总局和国家标准化管理委员会发布的《全球定位系统（GPS）测量规范》（GB/T 18314—2009）中规定各等级 GPS 测量的用途，见表 6-1。

表 6-1 各等级 GPS 测量的用途

等级	用 途
A	建立国家一等大地控制网，进行全球性的地球动力学研究、地壳变形测量和精密定轨等
B	建立国家二等大地控制网，建立地方或城市坐标基准框架、区域性的地球动力学研究、地壳变形测量、局部形变监测和各种精密工程测量等
C	建立三等大地控制网，以及建立区域、城市及工程测量的基本控制网等
D	建立四等大地控制网
E	用于中小城市、城镇以及测图、地籍、土地信息、房产、物探、勘测、建筑施工等

6.4.1.2 测量精度指标 在《全球定位系统城市测量技术规程》（CJJT 73—2010）中，GNSS 控制网相邻点间基线长度的精度按下式计算：

$$\delta = \sqrt{a^2 + (bd)^2} \tag{6-12}$$

式中：δ——标准差（基线向量的弦长中误差，mm）；

a——固定误差（mm）；

b——比例误差系数（1×10^{-6}）；

d——相邻点间的距离（km）。

城市各等级控制网、工程控制网、形变监测控制网的技术要求见表 6-2。二、三、四等网相邻点最小距离不应小于平均距离的 1/2；最大距离不应超过平均距离的 2 倍。一、二级网可以在上述基础上放宽一倍。

表 6-2 GNSS 控制网的主要技术要求

等级	平均距离/km	a /mm	b /10^{-6}	最弱边相对中误差
CORS	40	≤2	≤1	1/800 000
二等	9	≤5	≤2	1/120 000
三等	5	≤5	≤2	1/80 000
四等	2	≤10	≤5	1/45 000
一级	1	≤10	≤5	1/20 000
二级	<1	≤10	≤5	1/10 000

注：当边长小于 200m 时，边长中误差应小于 ±2cm。

6.4.2 控制网布设形式

应用 GNSS 技术建立测量控制网，均采用相对定位的方法，相对定位的两点间构成的独立观测边称为基线。通常采用以下几种布网形式：

6.4.2.1 点连式 点连式是指相邻同步图形之间仅用一个公共点连接。这样构成的图形检核条件太少，图形的几何强度弱，一般很少使用，如图 6-12（a）所示。

6.4.2.2 边连式 边连式是指相邻同步图形之间由一条公共边连接。这种布网方案有较多的重复基线，非同步图形的观测基线可组成异步环，几何强度、可靠性优于点连式，如图 6-12（b）所示。

6.4.2.3 网连式 网连式是指相邻同步图形之间有两个以上的公共点连接。这种方法需要 4 台以上的接收机。它的几何强度和可靠性指标相当高，但花费的经费和时间也更多，一般用于高精度的控制测量，如图 6-12（c）所示。

6.4.2.4 边点混合连接 边点混合连接是把点连式和边连式有机地结合起来组成网形。这种布网的特点是周围的图形尽量采用边连式，在图形内部形成多个异步环。这样，既能保证网的几何强度，提高网的可靠性，又能减少外业工作量，降低成本，是一种较为理想的布网方式，如图 6-12（d）所示。

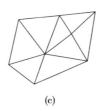

(a)　　　　　　(b)　　　　　　(c)　　　　　　(d)

图 6-12 控制网的布设形式

在实际布网时还要注意以下几点：

（1）控制点之间尽管不要求通视，但为了常规测量加密的需要，控制点最好有一个通视方向。

（2）控制网点尽可能与附近已有的国家控制点联测，联测点数不得少于两个，联测点分布均匀，以便于控制网的转换。

（3）控制网一般要通过独立观测边构成闭合图形，以增加检核条件，提高网的可靠性。

6.4.3 控制网施测

与传统控制测量类同，分为外业和内业两项工作。

6.4.3.1 选点与建标 点位应选在交通便利、有利于联测、便于安置接收机的地点，视场周围障碍物的高度角不宜大于 15°；点位要远离无线电发射源及高压输电线；附近不应有大面积水域及大型建筑物等强烈反射卫星信号的物体。选定点位后，按要求埋设标石，并绘制点之记及控制网选点图。

6.4.3.2 外业观测 外业观测主要包括天线安置、接收机观测与记录。天线安置要对中、整平；用钢尺从三个互为 120°的方向量取天线高，互差小于 3mm 时取平均值；按规定时间打开接收机，输入测站名、时段号、天线高等信息，填写观测手簿。GNSS 接收机的选用和作业的基本技术要求，应严格按照规范、规程中的相关条款执行，这里不做详细介绍。

6.4.3.3 数据处理 内业数据一般采用软件处理。当使用不同型号接收设备时，应将观测数据转换成同一格式。数据处理主要包括基线解算、观测成果检核及网平差等，基本流程如图 6-13 所示。

数据采集 → 数据传输 → 预处理 → 基线解算 → GPS 网平差

图 6-13　数据处理基本流程

6.5　GNSS RTK 测量和连续运行参考系统

6.5.1　GNSS RTK 测量

RTK 是以载波相位作为观测量的一种实时动态测量技术。常规 RTK 系统中至少应包含两台 GNSS 接收机，其中一台安置在基准站上，另一台或若干台安置在不同的流动站上，如图 6-14 所示。

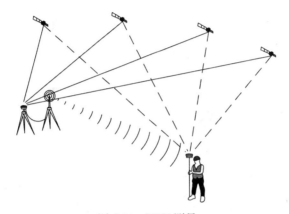

图 6-14　RTK 测量

6.5.1.1　GNSS RTK 的基本要求　GNSS RTK 平面测量按精度划分为二级、三级、图根和碎部，布设的平面 RTK 控制点应满足扩展的需要。技术要求见表 6-3。

表 6-3　GNSS RTK 平面测量技术要求

等级	相邻点间距离/m	点位中误差/cm	相对中误差	起算点等级	流动站到单基准站间距离/km	测回数
二级	≥300	≤±5	≤1/10 000	四等及以上	≤6	≥3
三级	≥200	≤±5	≤1/6 000	四等及以上	≤6	≥3
				二级及以上	≤3	
图根	≥100	≤±5	≤1/4 000	四等及以上	≤6	≥2
				三级及以上	≤3	
碎部	—	图上 0.3mm	—	四等及以上	≤15	≥1
				三级及以上	≤10	

注：困难地区相邻点间距离缩短至表中的 2/3，边长限差应不大于 2cm。

RTK 作业对 GNSS 卫星状况的基本要求，见表 6-4。测量时应至少有一个已知点作为检核点。

表 6-4　RTK 作业中 GNSS 卫星状况的基本要求

观测窗口状态	15°以上的卫星个数	PDOP 值
良好窗口	≥5	<6
勉强可用的窗口	5	≤8
避免观测的窗口	<5	>8

6.5.1.2 GNSS RTK 系统组成　RTK 系统包括基准站和流动站，如图 6-15 所示。基准站由接收机、卫星天线、无线电数据链电台及发射天线、电源等组成。作业期间，基准站接收机连续跟踪全部可见卫星，并将观测数据通过无线传输系统实时发送给流动站。流动站除了要接收相同卫星的信号，还需接收基准站传送的观测数据，并进行实时处理，给出流动站坐标。

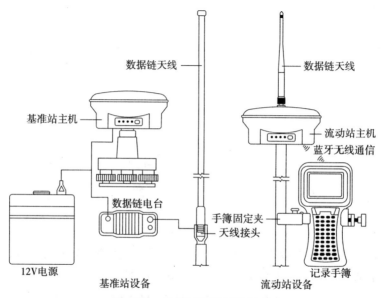

图 6-15　GNSS RTK 系统组成

6.5.2　连续运行参考系统

连续运行参考系统（CORS）是一种以提供卫星定位服务为主的多功能服务系统，是建立数字地球必不可少的基础设施。CORS 系统包括基准站网、通信网络、管理中心、服务中心等基本内容。基准站实时进行卫星定位数据的跟踪、采集、记录和设备完好性监测等，将观测数据传输至数据处理中心进行数据处理，形成基准站差分数据，实时发送给用户，并将基准站静态数据发送给特许用户，以满足用户的不同用途，如图 6-16 所示。

CORS 系统是一个动态的、连续的定位框架基准，能够全自动、全天候、实时提供高精度空间和时间信息。CORS 系统的建立大大提高了测绘精度和工作效率；满足土地资源、矿产资源、森林资源、农业资源、大气环境、水利资源、交通流量等的动态监控、管理的要求；对工程建设进行实时、有效、长期的变形监测，对灾害进行快速预报。与传统的 GPS 作业相比，连续运行参考系统具有作用范围广、精度高、野外单机作业等诸多优点。

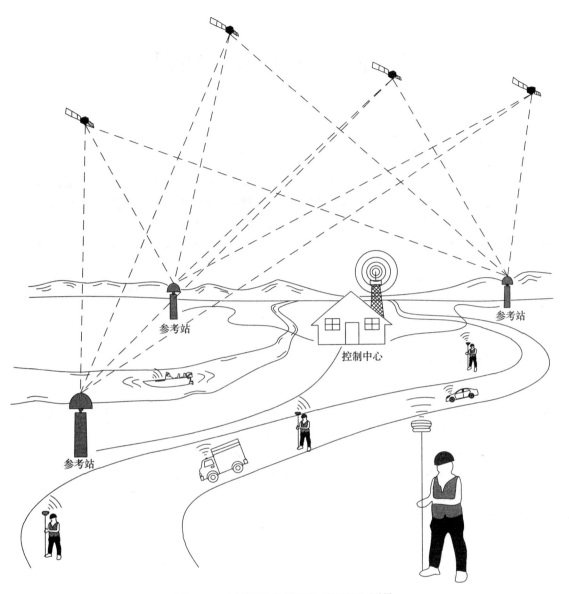

图 6-16 连续运行参考系统（CORS）测量

思 考 题

1. 试述 GNSS 系统的组成及作用。
2. 试述 GNSS 系统定位的基本原理。
3. 什么是绝对定位？什么是相对定位？
4. 简述 GNSS RTK 测量的基本原理。

7 测量误差基本知识

7.1 测量误差概述

测量工作中，使用测量仪器、工具对观测对象进行测量，所获得的数据称为观测值 L_i。而任何观测对象在客观上都存在一个真值。由于各种因素的影响，任何观测值都不可避免地存在误差，我们将观测值与观测对象真值之间的差值称为真误差。例如，对同一段距离进行重复丈量，得到不同的丈量结果；对一个三角形三个内角进行重复观测，其三角形内角和不等于 $180°$等。

设对某未知量进行 n 次观测，观测值为 L_1，L_2，$\cdots$，L_n，该未知量的真值为 X，则真误差：

$$\Delta_i = L_i - X, \quad i = 1, 2, 3, \cdots, n \tag{7-1}$$

7.1.1 测量误差的来源

测量误差主要来源于以下三个方面：

7.1.1.1 仪器误差　测量工作主要利用测量仪器进行。而测量仪器在构造上不是十分完善，即便是经过仪器检校，仍然会存在没有完全消除的残余误差。

7.1.1.2 观测者　由于人的感官鉴别能力有一定的局限性，所以在仪器操作过程中会产生误差。另外，观测者的技术水平和工作态度也会直接影响观测数据质量。

7.1.1.3 外界条件　任何观测值都是在一定的外界条件下获取的，外界条件的不同或变化会对测量数据产生一定的影响。例如温度、湿度、风力、大气折光等方面都会使测量结果产生误差。

通常情况下，我们把测量仪器、观测者、外界条件三方面的因素统称为观测条件。观测条件的好坏与数据质量的高低有密切联系。

7.1.2 测量误差的分类

7.1.2.1 偶然误差　在相同观测条件下进行一系列的观测，如果误差在大小和符号上都表现出偶然性，即从单个误差看，误差的大小和符号没有任何规律性，这种误差称为偶然误差。例如：水准测量中，水准尺估读误差；经纬仪测角中，照准目标误差等都属于偶然误差。

7.1.2.2 系统误差　在相同观测条件下进行一系列的观测，如果误差在大小、符号上表现出系统性，或者按照一定的规律变化，这种误差称为系统误差。例如钢尺量距中的尺长误差。系统误差可以通过一定的方法消除。

7.1.2.3 粗差　在测量过程中，由于测量人员工作粗心大意，造成诸如读错、记错、算错等错误而产生的误差称为粗差。测量数据中不允许粗差存在，应设法避免，若认定测量数据中含有粗差，必须剔除。

7.2 偶然误差的特性

测量实践证明，在相同的观测条件下，当偶然误差大量出现时，偶然误差会呈现一定的统计规律。

例如，在相同观测条件下，独立观测了 358 个三角形的全部内角。利用式（7-1）计算每个三角形内角和的真误差：

$$\Delta_i = (L_1 + L_2 + L_3) - 180°, \quad i = 1, 2, 3, \cdots, 358$$

将真误差 Δ_i 按照正、负分为两组，再以误差区间间隔 $d\Delta = 3''$，将每组中的真误差按照绝对值从小到大排列。按照每个区间的真误差个数 k、真误差出现在每个区间的频率 k/n，将统计结果列于表 7-1。

表 7-1 误差分布

误差区间 d△ （″）	负误差		正误差	
	k	k/n	k	k/n
$0''\sim3''$	45	0.126	46	0.128
$3''\sim6''$	40	0.112	41	0.115
$6''\sim9''$	33	0.092	33	0.092
$9''\sim12''$	23	0.064	21	0.059
$12''\sim15''$	17	0.047	16	0.045
$15''\sim18''$	13	0.036	13	0.036
$18''\sim21''$	6	0.017	5	0.014
$21''\sim24''$	4	0.011	2	0.006
$24''$以上	0	0	0	0
总和	181	0.505	177	0.495

为了表示偶然误差的分布情况，将表 7-1 中的数据用直方图表示，如图 7-1 所示。以偶然误差 Δ 为横坐标，以 $k/(n \times d\Delta)$ 为纵坐标，图中每个误差区间上的长方形面积即为该误差区间出现的频率。由图 7-1 可得出偶然误差的统计特性：

（1）在一定观测条件下，偶然误差的绝对值不会超过一定的限值。

（2）绝对值小的偶然误差比绝对值大的偶然误差出现的频率高。

（3）绝对值相等的正、负偶然误差出现的可能性相等。

（4）当观测次数无限增加时，偶然误差算术平均值趋近于零，即

$$\lim_{n \to \infty} \frac{\sum_{i=1}^{n} \Delta_i}{n} = \lim_{n \to \infty} \frac{[\Delta]}{n} = 0$$

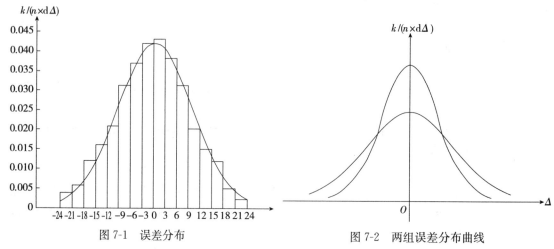

图 7-1　误差分布　　　　　　　　　　图 7-2　两组误差分布曲线

如果观测次数无限增加，各个误差区间出现的频率就会趋于稳定。此时将误差区间无限缩小，图 7-1 中的直方图就会成为一条光滑的连续曲线，这条曲线称为误差分布曲线，也称为正态分布曲线。

7.3　衡量精度的标准

精度是指误差分布密集或离散的程度。在相同观测条件下，对某量进行一组观测，对应着同一误差分布，这一组中的每一个观测值，都具有相同的精度。如图 7-2 所示两组不同的误差分布，曲线形状陡峭的误差分布较为密集，观测精度较高；曲线形状平缓的误差分布较为离散，观测精度较低。通常以中误差、相对误差和容许误差作为衡量精度的标准。

7.3.1　中误差

设在相同的观测条件下，对某未知量进行了 n 次观测，观测值为 L_1，L_2，$\cdots$，L_n，相应的真误差为 Δ_1，Δ_2，$\cdots$，Δ_n，则中误差 m 为

$$m = \pm\sqrt{\frac{[\Delta\Delta]}{n}} \tag{7-2}$$

式中：$[\Delta\Delta]$——真误差平方和，即 $[\Delta\Delta] = \Delta_1^2 + \Delta_2^2 + \cdots + \Delta_n^2$；

　　　　n——观测次数。

【例 7-1】设甲、乙两组对某角度分别进行 10 次观测，其真误差为

第一组：0，$+2''$，$+1''$，$-3''$，$+4''$，$+3''$，$-2''$，$-1''$，$+2''$，$-4''$；

第二组：$-1''$，$+2''$，$-6''$，0，$-1''$，$+7''$，$+1''$，0，$-3''$，$-1''$。

根据式（7-2）计算两组观测值中误差：

$$m_1 = \pm\sqrt{\frac{0^2 + 2^2 + 1^2 + (-3)^2 + 4^2 + 3^2 + (-2)^2 + (-1)^2 + 2^2 + (-4)^2}{10}} = \pm 2.5''$$

$$m_2 = \pm\sqrt{\frac{(-1)^2 + 2^2 + (-6)^2 + 0^2 + (-1)^2 + 7^2 + 1^2 + 0^2 + (-3)^2 + (-1)^2}{10}} = \pm 3.2''$$

因为 $m_1 < m_2$，所以第一组观测值精度优于第二组观测值精度。

7.3.2　相对误差

对于某些观测值，单靠中误差还不能完全表达观测质量的好坏。例如：在相同条件下，用钢尺丈量两段距离：一段为 $100\mathrm{m}$，另一段为 $500\mathrm{m}$，中误差均为 $\pm2\mathrm{cm}$，但不能由此表明两段距离丈量的精度相同。就单位长度而言，两者精度并不相同，因为量距的误差大小与距离的长短有关，所以应采用相对误差来衡量精度。

相对误差是中误差与观测值之比，没有单位。测量中常以分子为 1 的分数形式表示。

$$K = \frac{m}{D} = \frac{1}{D/m} = \frac{1}{N} \tag{7-3}$$

7.3.3　容许误差

由数理统计知识可知，在同等精度观测中，大于 1 倍中误差的误差出现的概率为 31.7%，大于 2 倍中误差的误差出现的概率为 4.5%，大于 3 倍中误差的误差出现的概率为 0.3%。因此在测量规范中，通常取 2 倍或 3 倍中误差作为误差的容许值。

$$\Delta_容 = 3m \quad 或 \quad \Delta_容 = 2m \tag{7-4}$$

7.4　误差传播定律

实际工作中，有些未知量不是直接测量的，而是由某些直接观测值通过一定的函数关系间接计算出来的。例如，水准测量中的测站高差 h，是通过直接观测的后视读数和前视读数计算而得。由于直接观测值含有误差，所以由直接观测值计算出的量必然受到影响而存在误差。阐述观测值中误差与观测值函数的中误差之间关系的定律，称为误差传播定律。

设 Z 为直接观测值 x_1，x_2，$\cdots$，x_n 的函数，即

$$Z = f(x_1, x_2, \cdots, x_n) \tag{7-5}$$

其中，Z 为不可直接观测的未知量，真误差为 Δ_Z，中误差为 m_Z；独立的可直接观测的变量 x_i（$i=1$，2，$\cdots$，n），对应的观测值分别为 l_i（$i=1$，2，$\cdots$，n），相应的真误差为 Δ_i（$i=1$，2，$\cdots$，n），中误差为 m_i（$i=1$，2，$\cdots$，n）。因为 $x_i = l_i - \Delta_i$，所以观测值含有真误差 Δ_i 导致函数 Z 产生真误差 Δ_Z，即

$$Z + \Delta_Z = f(x_1 + \Delta_1, x_2 + \Delta_2, \cdots, x_n + \Delta_n) \tag{7-6}$$

由于 Δ_i 很小，将上式按泰勒公式展开，并取至第一项，得到：

$$Z + \Delta_Z = f(x_1, x_2, \cdots, x_n) + \left(\frac{\partial f}{\partial x_1}\Delta_1 + \frac{\partial f}{\partial x_2}\Delta_2 + \cdots + \frac{\partial f}{\partial x_n}\Delta_n\right)$$

即

$$\Delta_Z = \frac{\partial f}{\partial x_1}\Delta_1 + \frac{\partial f}{\partial x_2}\Delta_2 + \cdots + \frac{\partial f}{\partial x_n}\Delta_n$$

设对各独立变量 x_i 观测了 k 次，得到 k 个上述函数式，对每一函数式两边取平方并求和得到：

$$\sum_{j=1}^{k}\Delta_{Zj}^2 = \left(\frac{\partial f}{\partial x_1}\right)^2\sum_{j=1}^{k}\Delta_{1j}^2 + \left(\frac{\partial f}{\partial x_2}\right)^2\sum_{j=1}^{k}\Delta_{2j}^2 + \cdots + \left(\frac{\partial f}{\partial x_n}\right)^2\sum_{j=1}^{k}\Delta_{nj}^2 +$$

$$2\left(\frac{\partial f}{\partial x_1}\right)\left(\frac{\partial f}{\partial x_2}\right)\sum_{j=1}^{k}\Delta_{1j}\Delta_{2j} + 2\left(\frac{\partial f}{\partial x_1}\right)\left(\frac{\partial f}{\partial x_3}\right)\sum_{j=1}^{k}\Delta_{1j}\Delta_{3j} + \cdots$$

由偶然误差的特性可知，当 $k \to \infty$ 时，上式中偶然误差的交叉项总和趋向于零，则

$$\sum_{j=1}^{k} \Delta_{Zj}^2 = \left(\frac{\partial f}{\partial x_1}\right)^2 \sum_{j=1}^{k} \Delta_{1j}^2 + \left(\frac{\partial f}{\partial x_2}\right)^2 \sum_{j=1}^{k} \Delta_{2j}^2 + \cdots + \left(\frac{\partial f}{\partial x_n}\right)^2 \sum_{j=1}^{k} \Delta_{nj}^2$$

将上式两边同除以 k，可得

$$\frac{\sum_{j=1}^{k} \Delta_{zj}^2}{k} = \left(\frac{\partial f}{\partial x_1}\right)^2 \frac{\sum_{j=1}^{k} \Delta_{1j}^2}{k} + \left(\frac{\partial f}{\partial x_2}\right)^2 \frac{\sum_{j=1}^{k} \Delta_{2j}^2}{k} + \cdots + \left(\frac{\partial f}{\partial x_n}\right)^2 \frac{\sum_{j=1}^{k} \Delta_{nj}^2}{k}$$

根据式（7-2），有

$$\frac{\sum_{j=1}^{k} \Delta_{zj}^2}{k} = m_Z^2, \qquad \frac{\sum_{j=1}^{k} \Delta_{ij}^2}{k} = m_i^2$$

则

$$m_Z^2 = \left(\frac{\partial f}{\partial x_1}\right)^2 m_1^2 + \left(\frac{\partial f}{\partial x_2}\right)^2 m_2^2 + \cdots + \left(\frac{\partial f}{\partial x_n}\right)^2 m_n^2$$

或

$$m_Z = \pm\sqrt{\left(\frac{\partial f}{\partial x_1}\right)^2 m_1^2 + \left(\frac{\partial f}{\partial x_2}\right)^2 m_2^2 + \cdots + \left(\frac{\partial f}{\partial x_n}\right)^2 m_n^2} \qquad (7\text{-}7)$$

式（7-7）就是观测值中误差与其函数中误差的一般关系式，称为误差传播公式。下面举例说明其应用方法。

【例 7-2】设在三角形中直接观测了 α、β 两个内角，中误差分别为 $m_\alpha = \pm 3''$，$m_\beta = \pm 4''$。试求第三个内角 γ 的中误差 m_γ。

解：
$$\gamma = 180° - \alpha - \beta$$

分别对 α 和 β 求偏导数，得

$$\frac{\partial f}{\partial \alpha} = -1, \qquad \frac{\partial f}{\partial \beta} = -1$$

由式（7-7）可得

$$m_\gamma = \pm\sqrt{\left(\frac{\partial f}{\partial \alpha}\right)^2 m_\alpha^2 + \left(\frac{\partial f}{\partial \beta}\right)^2 m_\beta^2} = \pm\sqrt{(-1)^2 \times 3^2 + (-1)^2 \times 4^2} = \pm 5''$$

【例 7-3】在 1：500 地形图上量得两点间距离 $d = 27.2$mm，其中误差 $m_d = \pm 0.2$mm，求两点间实地水平距离 D 及中误差 m_D。

解：
$$D = Md = 500 \times 27.2\text{mm} = 13.6\text{m}$$

由式（7-7）可得

$$m_D = \pm\sqrt{\left(\frac{\partial f}{\partial d}\right)^2 m_d^2} = \pm\sqrt{M^2 m_d^2} = \pm M m_d = \pm 500 \times 0.2\text{mm} = \pm 0.1\text{m}$$

两点间实地的水平距离可写成 $D = 13.6\text{m} \pm 0.1\text{m}$

【例 7-4】地面上量得一倾斜距离 $L = 30$m，其中误差 $m_L = \pm 0.02$m，地面倾斜角 $\alpha = 15°$，其中误差 $m_\alpha = \pm 6''$。试求水平距离 D 及其中误差 m_D。

解：列函数式
$$D = L\cos\alpha$$

代入相关数据，计算出水平距离：$D = 30 \times \cos 15° = 28.978$m

分别对 L 和 α 求偏导数，得

$$\frac{\partial f}{\partial L} = \cos\alpha, \quad \frac{\partial f}{\partial \alpha} = -L \cdot \sin\alpha$$

由式（7-7）可得

$$m_D = \pm\sqrt{\left(\frac{\partial f}{\partial L}\right)^2 m_L^2 + \left(\frac{\partial f}{\partial \alpha}\right)^2 \left(\frac{m_\alpha}{\rho''}\right)^2}$$

$$= \pm\sqrt{(\cos 30°)^2 \times 0.02^2 + (-30 \times \sin 30°)^2 \times \left(\frac{6}{206\ 265}\right)^2}$$

$$= \pm 0.017\mathrm{m}$$

式中的 $\dfrac{m_\alpha}{\rho''}$ 是将角值化为弧度，$\rho'' = 206\ 265''$。

测量结果为 $D = 28.978\mathrm{m} \pm 0.017\mathrm{m}$。

📝 思　考　题

1. 什么是真误差、中误差、相对误差？

2. 什么是偶然误差、系统误差？偶然误差的特性有哪些？

3. 什么是误差传播定律？

8 小地区控制测量

8.1 控制测量概述

控制测量分为平面控制测量与高程控制测量。测定控制点平面位置的工作称为平面控制测量，常用三角测量、导线测量及 GPS 测量等方法。测定控制点高程的工作称为高程控制测量，常用水准测量和三角高程测量等方法。

8.1.1 国家基本控制网

在全国范围建立的控制网称为国家基本控制网。国家基本控制网提供了全国统一的空间定位基准，是测绘各种比例尺地形图、工程建设、科学研究的基本控制和依据。

8.1.1.1 国家平面控制网 我国传统的平面控制网是以三角测量方式分级布设的，分为一等、二等、三等、四等四个等级，其中一等三角网精度最高，二、三、四等三角网精度逐级降低。

国家一等三角网主要沿经、纬线布设，三角形平均边长 20～25km。国家二等三角网布设于一等三角锁环内，是对一等三角网的加密，三角形平均边长 13km。

国家三、四等三角网是一、二等三角网的进一步加密。三等三角网平均边长 8km，四等三角网平均边长 2～6km，如图 8-1、图 8-2 所示。

图 8-1 国家三等三角网

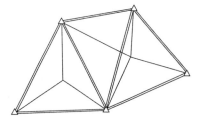

图 8-2 国家四等三角网

在现代控制测量工作中，国家控制网常以 GPS 测量的方式建立。

8.1.1.2 国家高程控制网 国家高程控制网主要通过水准测量的方式建立。国家水准网分为一等、二等、三等、四等四个等级，精度逐级降低，如图 8-3 所示。

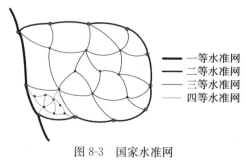

图 8-3 国家水准网

8.1.2   城市平面控制网

城市平面控制网是在国家平面控制网的基础上按不同等级布设，以满足城市大比例尺地形测绘及各种工程建设的需要。城市平面控制网一般可分为 GNSS 控制网和三角网、导线网。三角网、导线网主要技术要求见表 8-1 和表 8-2。

表 8-1   三角网主要技术要求

等级	平均边长/km	测角中误差/（"）	测边相对中误差	最弱边边长相对中误差	测回数			三角形最大闭合差/（"）
					1"级仪器	2"级仪器	6"级仪器	
二等	9	1	≤1/250 000	≤1/120 000	12	·		3.5
三等	4.5	1.8	≤1/150 000	≤1/70 000	6	9		7
四等	2	2.5	≤1/100 000	≤1/40 000	4	6		9
二级	1	5	1/40 000	≤1/20 000		2	4	15
三级	0.5	10	1/20 000	≤1/10 000		1	2	30

表 8-2   导线测量主要技术要求

等级	导线长度/km	平均边长/km	测角中误差/（"）	测距中误差/mm	测距相对中误差	测回数			方位角闭合差/（"）	导线全长相对闭合差
						1"级仪器	2"级仪器	6"级仪器		
三等	14	3	1.8	20	1/150 000	6	10		$3.6\sqrt{n}$	1/55 000
四等	9	1.5	2.5	18	1/80 000	4	6		$5\sqrt{n}$	1/35 000
一级	4	0.5	5	15	1/30 000		2	4	$10\sqrt{n}$	1/15 000
二级	2.4	0.25	8	15	1/14 000		1	3	$16\sqrt{n}$	1/10 000
三级	1.2	0.1	12	15	1/7 000		1	2	$24\sqrt{n}$	1/5 000

注：表中 n 为测站数。

8.1.3   图根控制网

为满足测图需要而建立的控制网称为图根控制网，其控制点称为图根点。图根平面控制一般采用三角网或图根导线等方式建立。图根高程控制采用水准测量、三角高程测量的方法建立。图根导线主要技术要求见表 8-3。

表 8-3   图根导线测量主要技术要求

导线长度/m	相对闭合差	测角中误差/（"）		方位角闭合差/（"）	
		一般	首级控制	一般	首级控制
≤$a×M$	≤1/（2 000×a）	30	20	$60\sqrt{n}$	$40\sqrt{n}$

注：1. a 为比例系数，取值宜为 1。当采用 1：500、1：1 000 比例尺时，其值可在 1～2 选择。

2. M 为测图比例尺分母；对于工矿现状图测量，M 取 500。

3. 隐蔽或施测困难地区导线相对闭合差可放宽，但不大于 1/（1 000×a）。

8.2 坐标计算

未知点坐标通常由已知点坐标及两点间坐标增量推算，坐标增量根据两点间的坐标方位角及水平距离计算而得。以下介绍坐标方位角的推算和坐标的计算。

8.2.1 坐标方位角的推算

由于北方向在实地上难以精确测定，因此，坐标方位角并不是由仪器在实地直接测定，而是根据已知数据通过计算获取。

8.2.1.1 根据已知坐标计算坐标方位角 如图 8-4 所示，已知 A（X_A，Y_A）、B（X_B，Y_B），则

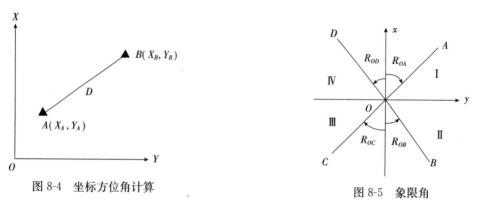

图 8-4 坐标方位角计算　　　　　　图 8-5 象限角

$$\alpha_{AB} = \arctan \frac{\Delta Y_{AB}}{\Delta X_{AB}} = \arctan \frac{Y_B - Y_A}{X_B - X_A} \tag{8-1}$$

由于坐标方位角取值范围是 $0° \sim 360°$，而上式计算出的值在 $-90° \sim +90°$ 之内，可根据 ΔX 和 ΔY 所在象限最终计算出方位角。

象限角是从标准方向的北端或南端起，顺时针或逆时针方向量至直线的锐角，常用 R 表示，取值范围为 $0° \sim 90°$。如图 8-5 所示，直线 OA、OB、OC、OD 在平面直角坐标系 Ⅰ、Ⅱ、Ⅲ、Ⅳ 四个象限中的象限角分别为 R_{OA}、R_{OB}、R_{OC}、R_{OD}。象限角与坐标方位角之间可以互相换算，换算关系见表 8-4。

表 8-4 象限角与坐标方位角的换算关系

象限	换算公式
Ⅰ	$\Delta X > 0$，$\Delta Y > 0$，$\alpha = R$
Ⅱ	$\Delta X < 0$，$\Delta Y > 0$，$\alpha = 180° - R$
Ⅲ	$\Delta Y < 0$，$\Delta X < 0$，$\alpha = R + 180°$
Ⅳ	$\Delta Y < 0$，$\Delta X > 0$，$\alpha = 360° - R$

8.2.1.2 根据导线转折角推算坐标方位角 依据前一条边的已知方位角和两条边之间的水

平夹角推算坐标方位角。水平角在推算方向的左侧，称为左角，如图 8-6（a）所示；在推算方向的右侧，称为右角，如图 8-6（b）所示。

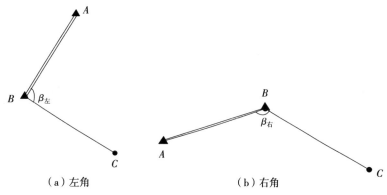

（a）左角　　　　　　　　　（b）右角

图 8-6　导线转折角

（1）转折角为左角，如图 8-6（a）所示，已知 AB 的坐标方位角 α_{AB}、AB 边与 BC 边的水平左角 $\beta_左$，则 BC 边的坐标方位角为

$$\alpha_{BC}=\alpha_{BA}+\beta_左=\alpha_{AB}+\beta_左\pm180°$$

（2）转折角为右角，如图 8-6（b）所示，已知 AB 的坐标方位角 α_{AB}、AB 边与 BC 边的水平右角 $\beta_右$，则 BC 边的坐标方位角为

$$\alpha_{BC}=\alpha_{BA}-\beta_右=\alpha_{AB}-\beta_右\pm180°$$

根据导线转折角推算坐标方位角的通用公式：

$$\alpha_前=\alpha_后\pm\beta_i\pm180° \tag{8-2}$$

应用式（8-2）计算时，β_i 为左角时取"＋"，为右角时取"－"；如果计算结果小于 0°，加上 360°，大于 360°则减去 360°。

【例 8-1】如图 8-7 所示，已知 AB 边的方位角 $\alpha_{AB}=195°$，观测的水平角为 $\beta_1=95°$，$\beta_2=150°$，$\beta_3=220°$。求方位角 α_{B1}、α_{12}、α_{23}。

解：
$$\alpha_{BA}=\alpha_{AB}-180°=15°$$
$$\alpha_{B1}=\alpha_{BA}+\beta_1=110°$$
$$\alpha_{1B}=\alpha_{B1}+180°=290°$$
$$\alpha_{12}=\alpha_{1B}+\beta_2=80°$$
$$\alpha_{21}=\alpha_{12}+180°=260°$$
$$\alpha_{23}=\alpha_{21}+\beta_3=120°$$

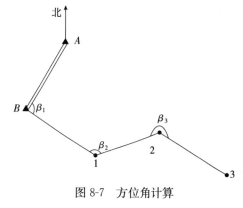

图 8-7　方位角计算

8.2.2　坐标正、反算

8.2.2.1　坐标正算　根据线段一个端点的坐标和坐标方位角、水平距离，求取线段另一端点坐标的过程称为坐标正算。

如图 8-8，已知 A（X_A，Y_A）、线段 AB 的坐标方位角 α_{AB}、水平距离 D，求 B 点坐标。

由图可得

$$\left.\begin{array}{l} \Delta X_{AB} = D\cos\alpha_{AB} \\ \Delta Y_{AB} = D\sin\alpha_{AB} \end{array}\right\} \tag{8-3}$$

则 B 点坐标为

$$\left.\begin{array}{l} X_B = X_A + \Delta X_{AB} \\ Y_B = Y_A + \Delta Y_{AB} \end{array}\right\} \tag{8-4}$$

8.2.2.2　坐标反算　根据线段两个端点的已知坐标，求取线段的坐标方位角及水平距离的过程称为坐标反算。如图 8-9，已知 A（X_A，Y_A）、B（X_B，Y_B），求 α_{AB}、D。

$$\left.\begin{array}{l} \alpha_{AB} = \arctan \dfrac{\Delta Y_{AB}}{\Delta X_{AB}} = \arctan \dfrac{Y_B - Y_A}{X_B - X_A} \\ D = \sqrt{\Delta X_{AB}^2 + \Delta Y_{AB}^2} = \sqrt{(X_B - X_A)^2 + (Y_B - Y_A)^2} \end{array}\right\} \tag{8-5}$$

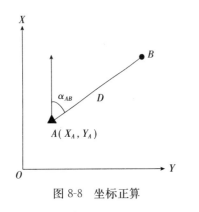

图 8-8　坐标正算

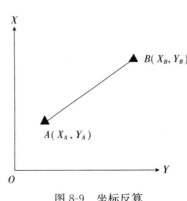

图 8-9　坐标反算

【例 8-2】已知 A（145.123，100）、B（100，123.565），求 α_{AB}、D_{AB}。

解：（1）象限角：$R_{AB} = \left| \arctan \dfrac{\Delta Y_{AB}}{\Delta X_{AB}} \right| = \left| \arctan \dfrac{+23.565}{-45.123} \right| = 27°34'31''$

（2）因 $\Delta X < 0$，$\Delta Y > 0$，故 α_{AB} 为第二象限角。

（3）方位角：$\alpha_{AB} = 180° - R_{AB} = 152°25'29''$

（4）水平距离：$D_{AB} = \sqrt{\Delta X_{AB}{}^2 + \Delta Y_{AB}{}^2} = 50.906 \text{m}$

8.3　导线测量

将测区内相邻控制点用线段连接形成连续的折线称为导线。测量每条导线边的水平距离、相邻导线边之间的水平角，根据已知控制点的坐标、水平距离及水平角，推算未知控制点的坐标，该项工作称为导线测量。导线中的各控制点称为导线点。

8.3.1　导线的布设形式

8.3.1.1　附合导线　从一个已知控制点出发，经过若干连续的折线，连接到另一个已知控制点的导线称为附合导线。如图 8-10（a）所示，由已知点 B 出发，经过 1、2、3 点，附合到另一已知点 C。

8.3.1.2　闭合导线　从一个已知控制点出发，经过若干连续的折线，最后回到原来的已知控制点的导线称为闭合导线。如图 8-10（b）所示，由已知点 N 出发，经过 4、5、6 点，最后又回到了已知点 N，形成了一个闭合的多边形。

8.3.1.3　支导线　从一个已知控制点出发，经过若干连续的折线，既没有连接到另一个已知控制点，也没有回到原来的已知控制点的导线称为支导线。如图 8-10（c）所示，由已知点 F 出发，测量了 7、8 点后导线结束，形成一支导线。

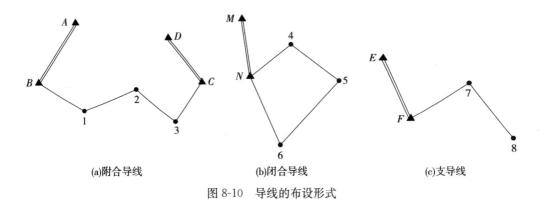

(a)附合导线　　　　　　(b)闭合导线　　　　　　(c)支导线

图 8-10　导线的布设形式

8.3.2　导线测量的外业工作

导线测量的外业工作包括踏勘选点、角度测量、边长测量、连接测量。

8.3.2.1　踏勘选点　根据测图要求、测区范围，以及测区是否有已知控制点等实际情况，选择导线布设方式，实地选定、埋设导线点。

选点时，应综合考虑以下几方面因素：

（1）导线点应选在土质坚实处，便于安置仪器。

（2）导线点应布设在地势较高、视野开阔处，便于碎部测量。

（3）相邻导线点间应通视良好，便于测角和量距。

（4）导线各边的长度应大致相等。

（5）导线点应有足够的密度，分布较均匀，见表 8-5 中要求。

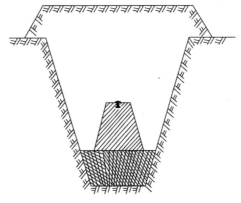

图 8-11　埋石示意图

导线点位置选定后，应在地面设立标志。临时使用可在点位处打一大木桩，长久保存的点位，可埋设标石，见图 8-11，也可在水泥或沥青等硬化地面上打入大钢钉等。

表 8-5　一般地区图根控制点数量要求

测图比例尺	图幅尺寸/cm	解析图根点个数		
		全站仪测图	GPS（RTK）测图	平板测图
1∶500	50×50	2	1	8
1∶1 000	50×50	3	1～2	12
1∶2 000	50×50	4	2	15
1∶5 000	40×40	6	3	30

布设的点位要绘制点之记图，方便今后寻找及使用，如图 8-12 所示。

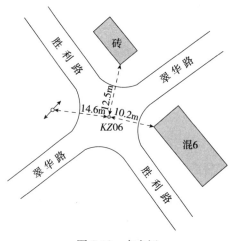

图 8-12　点之记

8.3.2.2　角度测量　用经纬仪或全站仪测量相邻导线边间的水平角。

8.3.2.3　边长测量　导线边长测量一般采用全站仪测定。区域较小时，也可以采用钢尺量距。

8.3.2.4　连接测量　当已知控制点在测区以外时，为了获取坐标和方位角的起算数据，需要进行连接角和连接边测量。

8.3.3　导线测量的内业计算

8.3.3.1　附合导线的计算

（1）角度闭合差的计算。如图 8-13，根据 A、B、C、D 点坐标，首先计算 α_{AB} 及 α_{CD}，由 α_{AB} 和 β_B、β_1、β_2、β_3、β_C 可推算出 CD 边的坐标方位角 α'_{CD}。

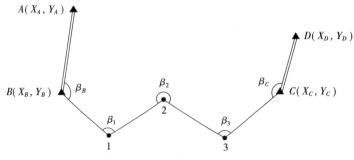

图 8-13　附合导线的坐标计算

$$\alpha'_{CD} = \alpha_{AB} + \Sigma\beta_{测} - 5 \times 180° \tag{8-6}$$

由于观测角中不可避免地含有测量误差，使得 CD 边推算出的坐标方位角 α'_{CD}，一般与根据已知坐标计算出的坐标方位角 α_{CD} 不相等，二者之间的差值称为角度闭合差，以 f_β 表示：

$$f_\beta = \alpha'_{CD} - \alpha_{CD} = \alpha_{AB} + \Sigma\beta_{测} - 5 \times 180° - \alpha_{CD} \tag{8-7}$$

图根导线角度闭合差容许值为

$$f_{\beta容} = \pm 60'' \sqrt{n} \tag{8-8}$$

若 $f_\beta < f_{\beta容}$，则表明测角精度符合要求，可继续计算，否则应重新检查角度，必要时重测。

（2）角度闭合差的分配与检核。由于各水平角是等精度观测，因而可将 f_β 反号后平均分配至导线各水平角中，每个水平角分配到的角度改正值 v_{β_i} 为

$$v_{\beta_i} = -\frac{f_\beta}{n} \tag{8-9}$$

式中：n ——观测角的个数。

计算检核：角度改正数之和应与角度闭合差大小相等、符号相反，即

$$\Sigma v_\beta = -f_\beta \tag{8-10}$$

（3）改正后角度的计算。观测角 β_i 与角度改正值 v_{β_i} 之和称为改正后角度 β'_i：

$$\beta'_i = \beta_i + v_{\beta_i} \tag{8-11}$$

（4）坐标方位角的计算与检核。根据起始边坐标方位角 α_{AB} 及改正后角度 β'_i，按式（8-2）推算其他各导线边的坐标方位角。

计算检核：根据改正后角度 β'_i，推算出的已知边坐标方位角，应与该边坐标反算出的坐标方位角相等，即

$$\alpha_{AB} + \sum \beta'_i - 5 \times 180° = \alpha_{CD} \tag{8-12}$$

（5）坐标增量的计算。根据导线各边坐标方位角及相应边长，按式（8-3）依次计算各边的坐标增量。

（6）坐标增量闭合差的计算。根据导线起点 B 的坐标及导线各边坐标增量，按式（8-4）依次推算各导线点坐标，直至导线终点。如图 8-13，由 B 点坐标推算出 C 点坐标为

$$\left.\begin{array}{l} X'_C = X_B + \sum \Delta X_{测} \\ Y'_C = Y_B + \sum \Delta Y_{测} \end{array}\right\} \tag{8-13}$$

由于存在距离测量误差和角度闭合差调整后的残余误差，推算出的 C 点坐标与该点已知坐标一般不相等，二者之间的差值称为坐标增量闭合差，以 f_x 与 f_y 表示。

$$\left.\begin{array}{l} f_x = X'_C - X_C = X_B + \sum \Delta X_{测} - X_C \\ f_y = Y'_C - Y_C = Y_B + \sum \Delta Y_{测} - Y_C \end{array}\right\} \tag{8-14}$$

f_x 与 f_y 反映了推算出的 C' 点与其真实位置 C 在纵、横两个方向上的差异，CC' 的长度称为导线全长闭合差，以 f 表示，如图 8-14 所示。

$$f = \sqrt{f_x^2 + f_y^2} \tag{8-15}$$

仅从 f 的大小还不能完全反映导线测量的精度，还应该考虑到导线的长度。将 f 与导

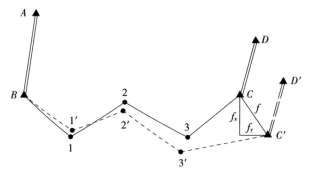

图 8-14　导线全长闭合差

线长度相比，化为分子为 1 的形式，作为衡量导线测量精度的指标，称为导线全长相对闭合差，以 K 表示。

$$K = \frac{f}{\sum D} = \frac{1}{\sum D / f} \tag{8-16}$$

导线全长相对闭合差是用来评定导线是否合格的标准，K 的分母越大，导线测量的精度越高，图根导线的导线全长相对闭合差不应大于 1/2 000。

（7）坐标闭合差的分配与检核。当 K 符合精度要求时，必须进行坐标闭合差调整。调整的方法是将 f_x 和 f_y 反号按与边长成正比分配到各导线边上。各导线边的纵、横坐标增量改正数为

$$\left. \begin{array}{l} v_{x_{i,\,i+1}} = -\dfrac{f_x}{\sum D} D_{i,\,i+1} \\[4mm] v_{y_{i,\,i+1}} = -\dfrac{f_y}{\sum D} D_{i,\,i+1} \end{array} \right\} \tag{8-17}$$

计算检核：纵、横坐标增量改正数之和应满足

$$\left. \begin{array}{l} \sum v_x = -f_x \\[2mm] \sum v_y = -f_y \end{array} \right\} \tag{8-18}$$

（8）改正后坐标增量的计算与检核。

$$\left. \begin{array}{l} \Delta X'_{i,\,i+1} = \Delta X_{i,\,i+1} + v_{x_{i,\,i+1}} \\[2mm] \Delta Y'_{i,\,i+1} = \Delta Y_{i,\,i+1} + v_{y_{i,\,i+1}} \end{array} \right\} \tag{8-19}$$

计算检核：改正后的坐标增量之和应满足

$$\left. \begin{array}{l} \sum \Delta X'_{i,\,i+1} = X_C - X_B \\[2mm] \sum \Delta Y'_{i,\,i+1} = Y_C - Y_B \end{array} \right\} \tag{8-20}$$

（9）坐标计算与检核。根据导线起点 B 的坐标及改正后坐标增量，逐点计算各导线点坐标。

$$\left. \begin{array}{l} X_{i+1} = X_i + \Delta X'_{i,\,i+1} \\[2mm] Y_{i+1} = Y_i + \Delta Y'_{i,\,i+1} \end{array} \right\} \tag{8-21}$$

最后推算出的 C 点坐标应与 C 点的已知坐标相等，以此作为计算检核。

附合导线算例见表 8-6。

表 8-6　附合导线算例

点号	观测角 ° ′ ″	改正后角度 ° ′ ″	坐标方位角 ° ′ ″	边长/m	坐标增量 ΔX	坐标增量 ΔY	改正后坐标增量 ΔX′	改正后坐标增量 ΔY′	坐标 X	坐标 Y
A										
			290 21 00							
B	+9 291 07 50	291 07 59							8 865.810	5 055.330
			41 28 59	388.060	−6 +290.716	−42 +257.050	+290.710	+257.008		
1	+8 174 45 20	174 45 28							9 156.520	5 312.338
			36 14 27	283.381	−5 +228.558	−30 +167.529	+228.553	+167.499		
2	+8 143 47 40	143 47 48							9 385.073	5 479.837
			0 02 15	359.889	−6 +359.889	−39 +0.236	+359.883	+0.197		
3	+8 128 53 00	128 53 08							9 744.956	5 480.034
			308 55 23	161.930	−3 +101.737	−17 −125.980	+101.734	−125.997		
C	+9 222 53 30	222 53 39							9 846.690	5 354.037
D			351 49 02							
Σ	961 27 20	961 28 02			1193.260	980.900	298.835	980.880	298.707	
辅助 计算	$f_\beta=-42''$, $f_{\beta容}=\pm 60\sqrt{n}=\pm 60\sqrt{5}\approx\pm 134''$ $f_X=+0.020\mathrm{m}$, $f_Y=+0.128\mathrm{m}$ $f=\sqrt{f_X^2+f_Y^2}=\pm 0.130\mathrm{m}$ $K=\dfrac{f_D}{\sum D}\approx\dfrac{1}{9\,177}<\dfrac{1}{2\,000}$									

8.3.3.2　闭合导线的计算　如图 8-15 所示，闭合导线的计算步骤与附合导线大致相同，仅由于两者导线形式的不同，致使角度闭合差与坐标增量闭合差的计算稍有区别。

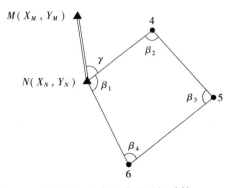

图 8-15　闭合导线的坐标计算

（1）角度闭合差的计算。闭合导线形成的是一个闭合多边形，实测的多边形内角和应该等于多边形内角和理论值，由于存在观测误差，两者的差值即为角度闭合差：

$$f_\beta=\sum\beta_测-(n-2)\times 180° \tag{8-22}$$

式中：n——多边形的内角个数。

（2）坐标增量闭合差的计算。闭合导线的纵、横坐标增量的代数和理论上应为零，由于存在观测误差，往往使得坐标增量代数和不等于零，该值即为坐标增量闭合差：

$$\left.\begin{array}{l} f_x = \sum \Delta X_{测} \\ f_y = \sum \Delta Y_{测} \end{array}\right\} \tag{8-23}$$

其他计算步骤均与附合导线相同，此处不再赘述。

闭合导线算例见表 8-7。

表 8-7　闭合导线算例

点号	观测角			改正后角度			坐标方位角			边长/m	坐标增量		改正后坐标增量		坐标	
	°	′	″	°	′	″	°	′	″		ΔX	ΔY	$\Delta X'$	$\Delta Y'$	X	Y
1	118	04	11	118	04	11									8 090.912	5 170.335
							180	52	49	229.550	-23 -229.523	$+41$ -3.527	-229.546	-3.486		
2	+1 103	41	07	103	41	08									7 861.366	5 166.849
							257	11	41	222.320	-22 -49.275	$+38$ -216.791	-49.297	-216.753		
3	+1 107	56	47	107	56	48									7 812.069	4 950.096
							329	14	53	247.639	-24 $+212.818$	$+43$ -126.623	$+212.794$	-126.580		
4	+1 105	55	30	105	55	31									8 024.863	4 823.516
							43	19	22	232.964	-23 $+169.481$	$+41$ $+159.838$	$+169.458$	$+159.879$		
5	+1 104	22	21	104	22	22									8 194.321	4 983.395
							118	57	00	213.592	-21 -103.388	$+38$ $+186.902$	-103.409	$+186.940$		
1															8 090.912	5170.335
Σ	539	59	56	540	00	00				1 164.065	$+0.113$	-0.201	0	0		
辅助计算	$f_\beta = -4''$，$f_{\beta容} = \pm 60\sqrt{n} = \pm 60\sqrt{5} \approx \pm 134''$ $f_X = +0.113\text{m}$，$f_Y = -0.201\text{m}$，$f = \sqrt{f_X^2 + f_Y^2} = +0.230\text{m}$ $K = \dfrac{f}{\sum D} \approx \dfrac{1}{4\ 983} < \dfrac{1}{2\ 000}$															

8.4　高程控制测量

高程控制测量一般采用三、四等水准测量和三角高程测量。三、四等水准测量在前面章节已介绍，本节主要讲述三角高程测量。

8.4.1　三角高程测量原理

三角高程测量是根据测站与待定点间的水平距离和竖直角来计算两点间的高差。如图 8-16，在 A 点安置经纬仪，在 B 点竖立标尺，量取仪器高 i，读取中丝读数 v、竖直角 α，并测量 AB 两点间的水平距离 D，则高差 h_{AB} 为

$$h_{AB} = D\tan\alpha + i - v \tag{8-24}$$

若 A 点的高程 H_A 已知，则 B 点的高程为

$$H_B = H_A + h_{AB} \tag{8-25}$$

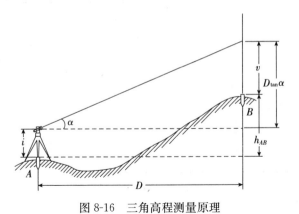

图 8-16   三角高程测量原理

利用式（8-24）计算两点间的高差时，未考虑地球曲率和大气折光的影响，实际计算中应考虑这两项的改正，该项改正称为球气差改正 f（简称两差改正）。考虑到球气差改正 f，则式（8-24）变为

$$h_{AB} = D\tan\alpha + i - v + f \tag{8-26}$$

由于大气折光产生的视线弯曲的曲率半径约为地球曲率半径的 7 倍，且与地球曲率的影响方向相反，则两差改正：

$$f = c + r = \frac{D^2}{2R} - \frac{1}{7} \times \frac{D^2}{2R} = 0.43 \times \frac{D^2}{R} \tag{8-27}$$

式中：c——地球曲率引起的误差；

$\quad\quad r$——大气折光引起的误差；

$\quad\quad R$——地球曲率半径，取 6 371km。

8.4.2   三角高程观测与计算

为了消除或减弱地球曲率和大气折光的影响，三角高程测量一般应进行对向观测，也称直、反觇观测，其主要技术指标见表 8-8。

表 8-8   电磁波测距主要技术要求

等级	每千米高差全中误差/mm	边长/km	观测方式	对向观测高差较差/mm	附合或环形闭合差/mm
四等	10	≤1	对向观测	$40\sqrt{D}$	$20\sqrt{\sum D}$
五等	15	≤1	对向观测	$60\sqrt{D}$	$30\sqrt{\sum D}$

注：D 为测距边的长度（单位：km）。

三角高程测量算例见表 8-9。

表 8-9   电磁波三角高程算例

测站点	A	
目标点	B	
直、反觇测	直觇	反觇

（续）

斜距 S/m	593.391	593.400
竖直角 α	$+11°32'49''$	$-11°33'06''$
h/m	118.780	-118.829
仪器高 i/m	1.440	1.491
目标高 v/m	1.502	1.400
两差改正 f/m	0.022	0.022
单向高差 h/m	$+118.740$	-118.716
往返平均高差/m	$+118.728$	

 思 考 题

1. 简述导线测量的外业工作。
2. 导线的布设形式有哪几种？
3. 什么是坐标正算、坐标反算？
4. 什么是导线全长相对闭合差？
5. 试述三角高程测量的原理。

9 大比例尺地形图的测绘

地形图是将地球表面的地物和地貌沿铅垂线方向投影到水平面上，按一定比例缩绘并使用规定的符号及等高线表示地表形态的图纸，如图 9-1 所示。大比例尺地形图测绘方法有经纬仪测绘法、全站仪测绘法、RTK 测绘等方法。我国地形图基本比例尺有 1：500、1：1 000、1：2 000、1：5 000、1：1 万、1：2.5 万、1：5 万、1：10 万、1：25 万、1：50 万、1：100 万。

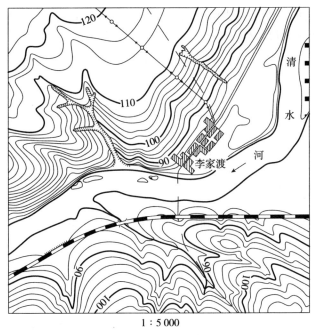

1：5 000

图 9-1 地形图

9.1 地形图的基本知识

9.1.1 地形图的比例尺

图上一条线段的长度 d 与地面上相应线段的实际水平距离 D 之比，称为地形图的比例尺。比例尺的表示方法有数字比例尺和图示比例尺（也称为直线比例尺）。

9.1.1.1 数字比例尺 数字比例尺一般用分子为 1 的分数形式表示。设图上某一线段的长度为 d，地面上相应线段的水平距离为 D，则比例尺为

$$\frac{d}{D} = \frac{1}{\dfrac{D}{d}} = \frac{1}{M} \tag{9-1}$$

式中 M 为比例尺分母。M 越大，比例尺的值就越小；M 越小，比例尺的值就越大。

1∶5 000、1∶2 000、1∶1 000 和 1∶500 称为大比例尺；1∶1 万、1∶2.5 万、1∶5 万、1∶10 万称为中比例尺；1∶25 万、1∶50 万、1∶100 万称为小比例尺。

9.1.1.2　图示比例尺　为了便于在图上直接量取实地距离，同时考虑到图纸伸缩误差，绘制地形图时，常在图上绘制图示比例尺。图 9-2 为 1∶500 地形图的图示比例尺。

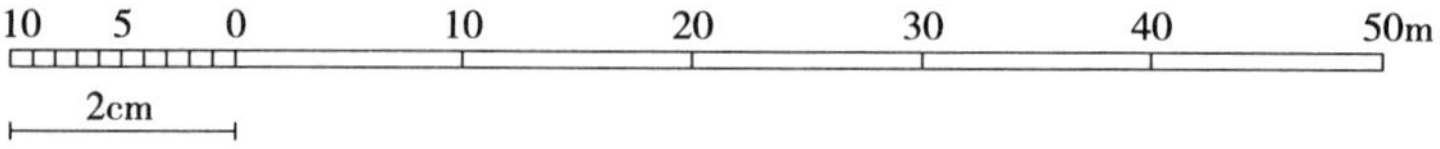

图 9-2　图示比例尺

9.1.1.3　比例尺精度　人眼能分辨的图上最小距离是 0.1mm。因此通常把图上 0.1mm 所表示的实地水平距离称为比例尺精度，即 $0.1 \times M$（mm），如表 9-1 所示。根据比例尺精度，可以确定地形测图时碎部点选择的详细程度，例如 1∶1 000 地形图的比例尺精度为 0.1m，也就是说，实地上小于 0.1m 的地物在地形图上是表示不出来的。另外，根据比例尺精度可反求出测图比例尺，例如在地形图上要表示出实地 0.05m 的长度，所采用的比例尺不得小于 0.1mm/0.05m＝1/500。至于选择多大的测图比例尺，要从工程规划、施工条件等实际情况出发。

表 9-1　比例尺精度

比例尺	1∶500	1∶1 000	1∶2 000	1∶5 000
比例尺精度/m	0.05	0.10	0.20	0.50

9.1.2　大比例尺地形图图式

地形图是以图式符号来表示地物和地貌要素的。图式符号分为地物符号、地貌符号和注记符号三种类型，如表 9-2 所示。

9.1.2.1　地物符号　地物符号有比例符号、半比例符号、非比例符号之分。

（1）比例符号。地物的形状和大小能够按测图比例尺缩绘，配以图式规定的符号，这类符号称为比例符号，如房屋、稻田和湖泊等符号。

（2）半比例符号。地物的长度按比例尺缩绘，宽度则不按比例表示，而是依据规定的符号表示，这类符号称为半比例符号。如电力线、通信线、管道等符号。

（3）非比例符号。地物的大小不能够按照比例尺缩绘，只能够用特定的符号来表示它的位置，这类符号称为非比例符号。如测量控制点、路灯、里程碑、检修井等符号。

9.1.2.2　地貌符号　地貌符号常用等高线表示。对于峭壁、冲沟等特殊地形，以相应的地貌符号表示。

9.1.2.3　注记符号　用文字、数字或特有符号对地物和地貌加以说明或注释的符号，称为注记符号。如城镇、工厂、河流、道路的名称、河流的流向、计曲线的高程等。

表 9-2　常用地物、地貌和注记符号

编号	符号名称	1∶500	1∶1 000	1∶2 000	编号	符号名称	1∶500	1∶1 000	1∶2 000
1	一般房屋 混—房屋结构 3—房屋层数	 混3		1.6	2	简单房屋			

（续）

编号	符号名称	1∶500	1∶1 000	1∶2 000	编号	符号名称	1∶500	1∶1 000	1∶2 000
3	建筑中的房屋		建		19	加油站		1.6 ⊙ 3.6 / 1.0	
4	破坏房屋		破		20	路灯		2.0 / 1.6 ⊙ 4.0 / 1.0	
5	棚房		45° 1.6						
6	游泳池		泳		21	独立树 a. 阔叶 b. 针叶 c. 果树 d. 棕榈、椰子、槟榔	a 2.0 ⊙ 3.0 / 1.0 ; b 2.0 ▲ 3.0 / 1.0 ; c 1.6 ⊙ 3.0 / 1.0 ; d 2.0 ↘ 3.0 / 1.0		
7	过街天桥								
8	高速公路 a—收费站 0—技术等级 代码	a 0 0.4			22	上水检修井	⊖ 2.0		
					23	下水（污水）、雨水检修井	⊕ 2.0		
9	等级公路 2—技术等级 代码 (G325)—国道 路线编码	2(G325) 0.2 / 0.4			24	下水暗井	⊘ 2.0		
					25	煤气、天然气检修井	⊘ 2.0		
10	乡村路 a. 依比例尺的 b. 不依比例尺的	a 4.0 1.0 0.2 ; b 8.0 2.0 0.3			26	热力检修井	⊕ 2.0		
11	小路	1.0 4.0 0.3			27	电信检修井 a. 电信人孔 b. 电信手孔	a ⊗ 2.0 ; b 2.0 ▣ 2.0		
12	内部道路	1.0 / 1.0			28	电力检修井	◎ 2.0		
13	阶梯路	1.0			29	污水箅子	2.0 ▭ 1.0		
14	打谷场、球场	球			30	地面下的管道	4.0 / 污 / 1.0		
15	旱地	1.0 2.0 10.0 10.0			31	围墙 a. 依比例尺的 b. 不依比例尺的	a 10.0 ; b 10.0 0.3 / 0.6		
16	花圃	1.6 1.6 10.0 10.0			32	挡土墙	1.0 0.3 / 6.0		
17	有林地	1.6 松6			33	栅栏、栏杆	10.0 1.0		
					34	篱笆	10.0 1.0		
18	水准点 Ⅱ京石5—等级、 点名、点号 32.804—高程	2.0 ⊗ Ⅱ京石5 / 32.804			35	架空房屋	砼4 1.0 砼 砼4 / 1.0		
					36	廊房	混3 / 1.0		
					37	台阶	0.6 / 1.0 1.0		

（续）

编号	符号名称	1:500	1:1 000	1:2 000	编号	符号名称	1:500	1:1 000	1:2 000
38	无看台的露天体育场	体育场			50	活树篱笆		6.0　　1.0 0.6	
39	人工草地	2.0 3.0　　10.0 10.0			51	铁丝网		10.0　　1.0	
40	稻田	0.2 3.0 1.0　10.0 10.0			52	地面上的通信线		4.0	
					53	电线架			
41	常年湖	青湖			54	地面上的配电线		4.0	
42	池塘	塘 　塘			55	陡坎 a. 加固的 b. 未加固的	a b	2.0	
43	常年河 a. 水涯线 b. 高水界 c. 流向 d. 潮流向 ←⌒⌒ 涨潮 —→ 落潮	a b c 3.0 1.0 0.5 d 7.0 0.15			56	散树、行树 a. 散树 b. 行树	a b	1.6　　1.0 10.0	
					57	一般高程点及注记 a. 一般高程点 b. 独立性地物的高程	a 0.5・163.2	b 75.4	
44	喷水池	1.0 3.6			58	名称说明注记	友谊路 中等线体4.0(18K) 团结路 中等线体3.5(15K) 胜利路 中等线体2.75(12K)		
45	GPS控制点	B14 3.0 495.267							
46	三角点 凤凰山—点名 394.468—高程	凤凰山 394.468 3.0			59	等高线 a. 首曲线 b. 计曲线 c. 间曲线	a b 1.0	0.15 0.3 6.0 0.15	
47	导线点 I16—等级、点名 84.46—高程	2.0 I16 84.46			60	等高线注记	25		
48	埋石图根点 16—点名 84.46—高程	1.6 16 2.6 84.46			61	示坡线	0.8		
49	不埋石图根点 25—点名 62.74—高程	1.6 25 62.74			62	梯田坎	・56.4	1.2	

9.1.3 地貌的表示方法

根据地面倾角 α 大小，地貌可分为平地（$\alpha < 3°$）、丘陵地（$3° \leqslant \alpha < 10°$）、山地（$10° \leqslant \alpha < 25°$）、高山地（$\alpha \geqslant 25°$）四种类型。

9.1.3.1 等高线

（1）等高线的概念。等高线是地面上高程相等的相邻各点连成的闭合曲线。如图 9-3 所示，设想在静止的水面中有一座小山包，此时水面高程为 50m，水面与山体相交形成一条闭合的曲线，将其投影到水平面上，就是高程为 50m 的等高线。同理，水面每升高

1m，就相应地得到 51m、52m、53m……的等高线。

（2）等高距和等高线平距。相邻等高线之间的高差称为等高距，以 h 表示。同一幅地形图上，只有一个等高距，称为基本等高距。不同比例尺基本等高距见表 9-3。相邻等高线之间的水平距离称为等高线平距，以 d 表示。等高线平距越小，地面坡度就越大；等高线平距越大，则坡度越小。因此，可以根据地形图上等高线的疏、密程度来判定地面坡度的缓、陡。

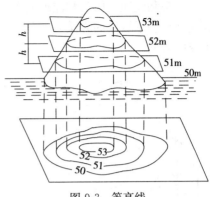

图 9-3 等高线

表 9-3 地形图的基本等高距（m）

地形类别	比例尺			
	1∶500	1∶1 000	1∶2 000	1∶5 000
平坦地	0.5	0.5	1	2
丘陵地	0.5	1	2	5
山地	1	1	2	5
高山地	1	2	2	5

（3）等高线的分类。

A. 首曲线。在同一幅图上，按规定等高距绘制的等高线称为首曲线。

B. 计曲线。为了用图方便，每隔四条首曲线加粗一条等高线，并标注等高线高程，该加粗等高线称为计曲线。

C. 间曲线：当首曲线不能表示出地貌的特征时，按 1/2 基本等高距绘制的等高线称为间曲线，在地形图上用虚线表示。

9.1.3.2 典型地貌的等高线 典型地貌主要有山头和洼地、山脊和山谷、鞍部、陡崖和悬崖等（图 9-4）。

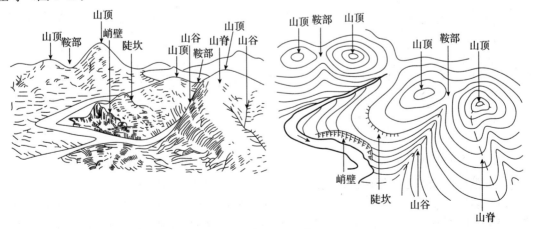

图 9-4 典型地貌的等高线

（1）山头和洼地。山头和洼地的等高线都是一组闭合曲线（图9-5和图9-6）。在等高线上用标注高程和示坡线的方法来区分。示坡线是垂直于等高线并指向低处的短线，用以指示坡度下降的方向。

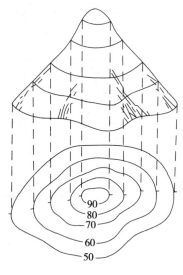

图9-5 山头等高线

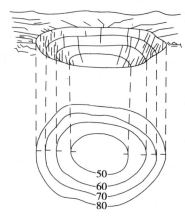

图9-6 洼地等高线

（2）山脊和山谷。山脊是指从山顶向山脚方向延伸的凸起部位。山脊凸起的最高点的连线称为山脊线，又称为分水线（图9-7）。

山谷是两个山脊之间的条形低洼部位。山谷最低点的连线称为山谷线，又称集水线（图9-8）。

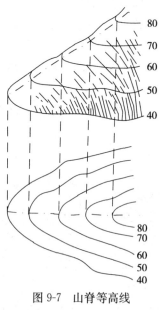

图9-7 山脊等高线

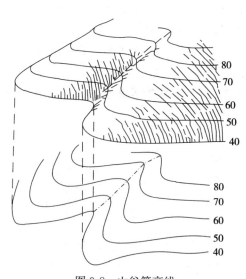

图9-8 山谷等高线

（3）鞍部。鞍部是相邻两山顶之间呈马鞍形的低凹部位（图9-9）。

（4）陡崖和悬崖。陡崖是指坡度在70°以上的陡峭崖壁，陡崖在地形图上以专门的陡崖符号表示［图9-10（a）、（b）］。悬崖是上部突出、下部凹进的陡崖。悬崖的等高线会出现相交的情况，俯视时被遮挡的等高线用虚线表示［图9-10（c）］。

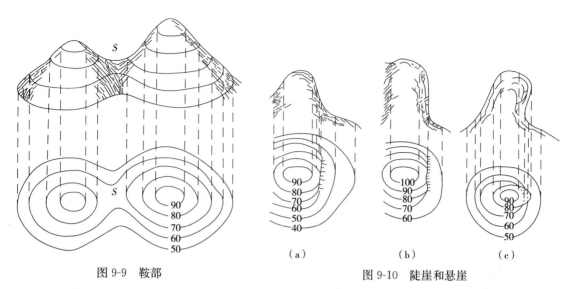

图 9-9　鞍部　　　　　　　　　　　图 9-10　陡崖和悬崖
（a）　　　　　　　（b）　　　　　　　（c）

几种典型地貌的不同组合在地面上呈现出形态各异的各种地貌，图 9-11 所示。

图 9-11　综合地貌及其等高线

9.1.3.3 等高线的特性

（1）同一条等高线上各点高程相等。

（2）等高线是闭合曲线，如果不在本图幅内闭合，则必定在图外闭合。

（3）除陡崖和悬崖外，等高线不能相交或重合。

（4）同一幅地形图内，等高线平距小表示地面坡度陡峭，等高线平距大表示地面坡度平缓，等高线平距相等则表示地表坡度相同。

（5）等高线经过山脊或山谷时改变方向，且与山脊线、山谷线正交。

9.2 地形图测绘方法

9.2.1 测图前的准备工作

9.2.1.1 图纸准备 可选用绘图专用聚酯薄膜作为测图用纸。绘图专用聚酯薄膜是一种经过热定型处理、伸缩率小、透明度好、坚韧耐湿、沾污后可洗涤的图纸，厚度一般为 $0.07\sim0.1$mm。缺点是易燃、折痕不能消失等，使用时应注意防火、防折。

9.2.1.2 绘制坐标方格网 一幅大比例尺地形图的图幅通常为 50cm×50cm，绘制成 10cm×10cm 的 25 个方格，称为方格网，一般采用坐标格网尺绘制，当没有专用工具时，可采用对角线法绘制。如图 9-12 所示，首先在图纸上绘制两条对角线，交于 O 点。从 O 点在对角线上截取四段相等的长度得 A、B、C、D 四点，连接四点得到一矩形。在 AB 和 DC 线上，分别从 A、D 点开始每隔 10cm 刺一点，同样从 A、B 点开始，分别沿 AD 和 BC 每隔 10cm 刺一点，连接相应点得到坐标方格网。

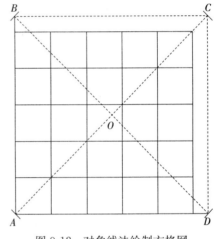

图 9-12 对角线法绘制方格网

绘制的方格网，每个方格的边长误差不应超过 0.2mm，各对角线长度误差不应超过 0.3mm，纵横方格网线应严格正交，各方格的角点应在一条直线上，偏离不应大于 0.2mm，经检查合格后方可使用。

9.2.1.3 展绘控制点 根据控制点的坐标值，将点位展绘在图纸上，称为展绘控制点。如图 9-13 所示，已知 A 点坐标（764.30，566.15），根据坐标确定 A 点位于方格 $klmn$ 内，分别从 k、n 点按比例尺向上量取 64.30m，得 a、b 两点，再从 k、l 点按比例尺向右量取 66.15m，

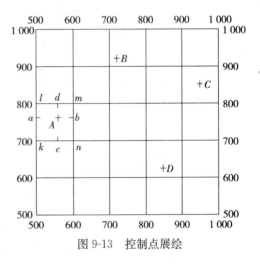

图 9-13 控制点展绘

得 c、d 两点，连接 ab 和 cd，其交点即为 A 点的位置。同法，可将其余控制点 B、C、D

依次展绘在图上。展点完成后应进行检查，由图上量出的相邻控制点间的距离与由实际坐标计算出的距离的差值绝对值不应大于图上 0.3mm，符合限差后刺点、标注点名和高程；否则，重新展绘。

9.2.2 经纬仪测绘法

9.2.2.1 碎部点的选择 碎部测量是测定碎部点的平面位置和高程。碎部点应选择地物和地貌的特征点。地物的特征点是地物轮廓线的方向变化点，如房屋角点、道路转折点、交叉点及独立地物的中心点等。地貌的特征点是坡度变化点及控制地形的山脊线、山谷线，如山顶、鞍部、山脊、山谷、山坡等。碎部点的密度应该适当，过稀不能正确反映地形的细小变化，过密则增加野外工作量，造成浪费。碎部点在地形图上的间距为 2～3cm，碎部点间距见表 9-4。

表 9-4 碎部点间距和最大视距

测图比例尺	地形点最大间距/m	最大视距/m			
		一般地区		城镇建筑区	
		地物	地形	地物	地形
1：500	15	60	100		70
1：1 000	30	100	150	80	120
1：2 000	50	180	250	150	200
1：5 000	100	300	350		

9.2.2.2 经纬仪测图 经纬仪测图的实质是极坐标法。将经纬仪安置在测站上，测量碎部点方向与已知方向之间的水平夹角、测站点至碎部点的水平距离和高差，通过数据计算，用相关工具将碎部点展绘在图纸上，绘制成图。具体操作步骤如下：

（1）安置仪器。如图 9-14 所示，将经纬仪安置在测站点 A 上，对中、整平、量取仪器高。图板安置于仪器旁边。

（2）定向。经纬仪盘左状态瞄准另一控制点 B，将水平度盘读数配置为 $0°00'00''$。

（3）立尺。将标尺放置在地物、地貌特征点上。

（4）观测、计算。照准标尺，读取水平度盘读数、标尺上丝、中丝、下丝读数、竖直度盘读数。按式（4-13）、式（4-15）计算水平距离、高差及高程。

表 9-5 碎部测量记录手簿

仪器型号：DJ$_6$ 　测站：A 　定向点：B 　观测者：李× 　记录者：王××

观测日期：2017.04.25 　仪器高 $i=1.45$m 　测站高程 $H_A=82.786$m

碎部点	标尺读数			尺间隔/m	竖盘读数	竖直角α	水平距离/m	高差/m	水平角	高程/m	备注
	中丝	下丝	上丝								
1	1.420	1.800	1.040	0.760	87°24′	+2°36′	75.84	+3.47	75°25′	86.256	
2	2.390	2.755	2.025	0.730	87°52′	+2°08′	72.90	+1.78	76°48′	84.566	

（5）展绘碎部点。在图纸上从 A 点向 B 点绘制一条定向方向线，用细针将半圆仪固定在 A 点，转动半圆仪，量取经纬仪测得的水平角 β，沿半圆仪的直尺边按照测图比例尺量取水平距离 D，刺点、注记高程。

以上为一个碎部点的观测、计算及绘图过程，其他碎部点与此类同。仪器搬到新的测站时，应先观测前站所测的某些明显碎部点，检查由两个测站测得的平面位置和高程是否相同，如相差较大，则应查明原因，纠正错误，再继续进行测绘。

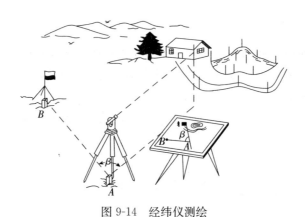

图 9-14　经纬仪测绘

9.3　地形图绘制

9.3.1　地物的描绘

地物应按地形图图式规定的符号绘制。如房屋轮廓应用直线连接，而道路、河流的弯曲部分应逐点连成光滑曲线等。地物的绘制有所取舍和概括，规范中规定图上凸凹小于 0.4mm 的可表示为直线。例如，在建筑物密集区，街道凌乱窄小，要保持四周建筑物平面位置正确，将凌乱的建筑物合并成几个建筑群。

9.3.2　等高线的勾绘

等高线的勾绘采用内插法。首先描绘出山脊线、山谷线等地形线，再根据碎部点的高程进行内插，最后勾绘等高线。如图 9-15 所示，地面上 A 和 B 两点的高程分别为 62.6m 及 66.2m，基本等高距为 1m，其间有高程为 63m、64m、65m、66m 四条等高线通过。根据平距与高差成正比的原则，分别计算出高程为 63m、66m 的 1 点、4 点，然后将这两点之间等分为三等分，定出高程为 64m、65m 的 2 点和 3 点。同法定出其他相邻两碎部点间等高线应通过的位置。将高程相等的相邻点以光滑曲线连接得到等高线，如图 9-16 所示。不能用等高线表示的地貌，如悬崖、陡崖、土堆、冲沟等，应按图式规定的相应符号表示。

勾绘等高线时，应对照实地情况，先绘计曲线，后绘首曲线，并注意等高线通过山脊线、山

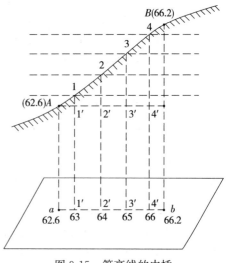

图 9-15　等高线的内插

谷线时的走向。

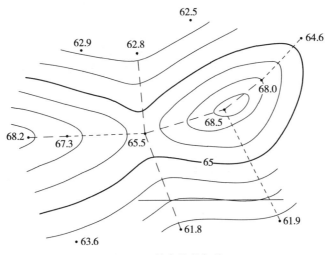

图 9-16   等高线的勾绘

9.3.3   地形图的拼接、检查和整饰

9.3.3.1   地形图的拼接   测区面积较大时，整个测区必须划分为若干幅图进行施测。这样，在相邻图幅接边处，由于测量误差和绘图误差的影响，无论是地物轮廓线还是等高线往往不能完全吻合。如图 9-17 所示，将两幅图的坐标格网线重叠，图中的房屋、道路、等高线、陡坎等都存在接边误差。若接边误差小于表 9-6 规定值的 $2\sqrt{2}$ 倍，取平均位置对相邻图幅的地物、地貌进行改正；否则应分析原因并到实地检查纠正。

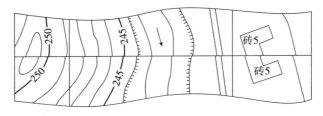

图 9-17   地形图的拼接

表 9-6   地物点、地形点平面和高程中误差

地区分类	点位中误差（图上）/mm	等高线高程中误差			
		平地	丘陵地	山地	高山地
一般地区	0.8	$\leqslant 1/3h$	$\leqslant 1/2h$	$\leqslant 2/3h$	$\leqslant 1h$
城镇建筑区、工矿区	0.6				

9.3.3.2   地形图的检查   为了确保地形图的质量，除施测过程中加强检查外，在地形图测绘完成后，必须对成图质量进行严格的自检和互检，确认无误后方可上交。地形图检查包括室内检查和外业检查。

室内检查主要是检查图上地物、地貌是否清晰易读；各种符号注记是否正确；等高线与地形点的高程是否相符，有无矛盾之处；图幅拼接有无问题等。如发现错误或疑问，应到野外进行实地检查并解决。

外业检查是在实地对地物、地貌进行抽检，检查点位精度是否符合要求，有无遗漏等，必要时进行补测。

9.3.3.3 地形图的整饰 经过拼接和检查，按图式规定进行整饰。图内符号、文字注记、数字注记等按图式要求绘制，图外按图式要求书写图名、图号、比例尺、坐标系统和高程系统、施测单位和日期等。

9.4 数字化测图

数字化测图是利用电子仪器采集地物、地貌信息，将数据传输到计算机，再通过绘图软件进行地形图绘制，形成数字化地图。数字化测图具有数据采集速度快、精度高、成图周期短、质量高、方便修测等特点。数字化地图以数字形式存储，也可以通过绘图仪输出为纸质地形图。

9.4.1 全站仪数字测图

以海星达 ATS-320 系列全站仪为例，介绍全站仪数字测图的具体步骤。

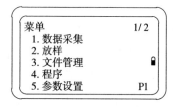

图 9-18 主菜单界面

（1）将全站仪安置在测站上，对中、整平、开机。

（2）量取仪器高、棱镜高。

（3）按 MENU 键进入菜单（图 9-18），选择"文件管理"，新建测量文件。

（4）按 ESC 键返回上步界面，选择"数据采集"。

（5）设置测站点信息（点名、仪器高、坐标和高程）及后视点信息（点名、棱镜高、坐标和高程），如图 9-19 所示。

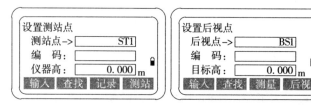

图 9-19 设置测站点信息及后视点信息

（6）瞄准后视点定向,并对后视点进行测量,根据测量结果检查前述设置是否有误(图 9-20)。

（7）瞄准任意碎部点，选择"测量点"，进行碎部测量。第一个碎部点需进行必要设置（点名、目标高，图 9-21），按"F3"键测量该点坐标并存储，瞄准下一碎部点依次进行测量。

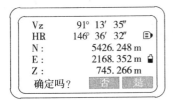

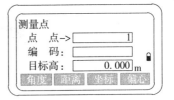

图 9-20　检查设置　　　　　　　　　图 9-21　设置碎部点信息

（8）所有碎部点测量完毕后，按 ESC 键退出碎部测量，关机、迁站。

9.4.2　RTK 数字测图

以海星达 iRTK2 系列接收机为例，介绍 RTK 数字测图具体操作步骤。

9.4.2.1　新建项目　打开 iRTK2 接收机手簿内置测量软件 Hi-Survey，新建项目，并进行必要设置（坐标系统、椭球类型、投影参数等），如图 9-22 所示。

图 9-22　对新建项目进行必要设置

9.4.2.2　设置基站

（1）使用蓝牙将记录手簿与基站接收机进行连接（图 9-23）。

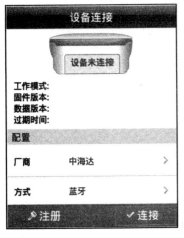

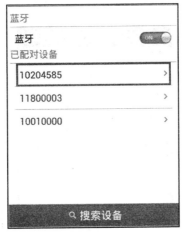

图 9-23　将记录手簿与基站接收机连接

（2）设置基准站参数（天线类型、仪器高、仪器高类型、基准站坐标），如图 9-24 所示。

图 9-24　设置基准站参数

（3）设置基准站电台数据链相关参数（数据链类型、频道、波特率、电文格式等），如图 9-25 所示。

图 9-25　设置基准站电台数据链相关参数

9.4.2.3　设置移动站　以蓝牙方式将记录手簿与移动站接收机进行连接，确认移动站各项参数与基准站设置一致。当屏幕显示固定解时，移动站设置完成（图 9-26）。

图 9-26　设置移动站

9.4.2.4　转换参数计算　根据测区大小，采集 1～3 个已知点坐标，用于计算 WGS84 坐标系与当地坐标系统之间的转换参数（图 9-27）。

图 9-27　转换参数计算

9.4.2.5　碎部测量　点击测量页主菜单上的"碎部测量"图标，进入碎部测量界面（图 9-28）。当屏幕显示为固定解，且 N、E、Z 坐标的中误差达到要求精度后，按下采集键，输入点名、目标高及目标高类型，最后单击"确定"按钮保存即可。以同样方法采集其他碎部点，直至完成整个测区。

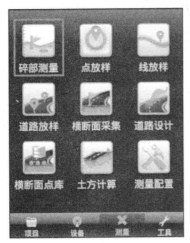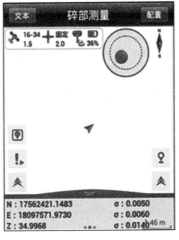

图 9-28　碎部测量

9.4.2.6　数据成果导出　所有碎部点采集完成后，将碎部点原始数据按指定格式导出，并传输到计算机中（图 9-29）。

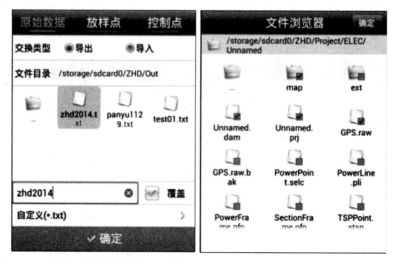

图 9-29　导出碎部点原始数据

9.4.2.7　数字成图　将碎部点坐标导入成图软件，进行地形图绘制。

思 考 题

1. 什么是地形图？
2. 什么是比例尺精度？它的作用是什么？
3. 地物符号有哪几类？
4. 什么是等高线？等高线的特性有哪些？
5. 简述经纬仪测绘法测量碎部点的过程。
6. 使用全站仪、RTK 接收机如何进行数字化测图？

10 地形图的识读与应用

10.1 地形图的分幅与编号

为了便于测绘、管理和使用地形图，需要对各种比例尺的地形图进行统一的分幅和编号。地形图分幅有梯形分幅法（又称为国际分幅法）、正方形分幅和矩形分幅法，梯形分幅法用于国家基本比例尺地形图的分幅，正方形分幅和矩形分幅法用于大比例尺地形图的分幅。

10.1.1 梯形分幅法

10.1.1.1 国际分幅法 国际分幅法是以国际上统一规定的经纬线为基础的地形图分幅方法。它以 1：100 万地形图为基础，按规定的经差和纬差划分图幅。

（1）1：100 万比例尺地形图的分幅和编号。如图 10-1 所示，从赤道起算，每隔纬差 4°为一行，直至南、北纬 88°，共计 22 行，依次用大写拉丁字母 A、B、C、…、V 表示其相应的行号；从 180°经线起算，自西向东每隔经差 6°为一列，依次用阿拉伯数字 1、2、3、…、60 表示其相应的列号。由经线和纬线所围成的每一个梯形小格为一幅 1：100 万地形图，它们的编号由该图所在的行号与列号组合而成。位于北半球的在编号前加"N"，南半球加"S"。我国位于北半球，所以省去字母 N。例如，北京所在的 1：100 万地形图的编号为 J-50。

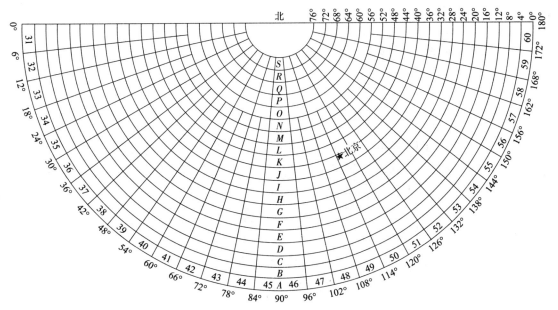

图 10-1 北半球东侧 1：100 万地形图国际分幅与编号

1：100 万以下的地形图分幅与编号是在 1：100 万图幅的基础上，以各种比例尺地形图所对应的经差和纬差进行编号，如图 10-2 所示。

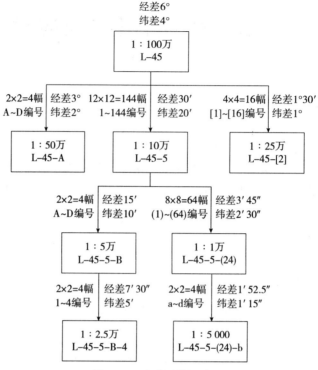

图 10-2　地形图分幅关系

　　（2）1∶50 万、1∶25 万和 1∶10 万比例尺地形图的分幅和编号。这三种比例尺地形图的编号是在 1∶100 万地形图图号后分别加上自己的代号组成。一幅 1∶100 万的地形图按经差 3°、纬差 2°分成 4 幅 1∶50 万的地形图，编号分别为 A、B、C、D；按经差 1°30′、纬差 1°分成 16 幅 1∶25 万的地形图，编号以 〔1〕～〔16〕表示；按经差 30′、纬差 20′分成 144 幅 1∶10 万的地形图，编号以 1～144 表示，如图 10-3 所示。

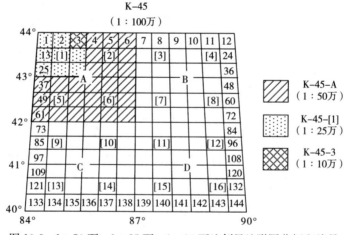

图 10-3　1∶50 万、1∶25 万、1∶10 万比例尺地形图分幅和编号

　　（3）1∶5 万、1∶2.5 万、1∶1 万和 1∶5 000 比例尺地形图的分幅和编号。1∶5 万和 1∶1

万地形图的编号是在 1∶10 万地形图图号后分别加上自己的代号组成。一幅 1∶10 万的地形图按经差 15′、纬差 10′分成 4 幅 1∶5 万的地形图，编号分别为 A、B、C、D；按经差 3′45″、纬差 2′30″分成 64 幅 1∶1 万的地形图，编号以（1）～（64）表示，如图 10-4 所示。

1∶2.5 万地形图的编号是在 1∶5 万地形图图号后加上自己的代号组成。一幅 1∶5 万的地形图按经差 7′30″、纬差 5′分成 4 幅 1∶2.5 万的地形图，编号分别为 1、2、3、4，如图 10-4 所示。

1∶5 000 地形图的编号是在 1∶1 万地形图图号后加上自己的代号组成。一幅 1∶1 万地形图按经差 1′52.5″、纬差 1′15″分成 4 幅 1∶5 000 的地形图，编号分别为 a、b、c、d，如图 10-4 所示。

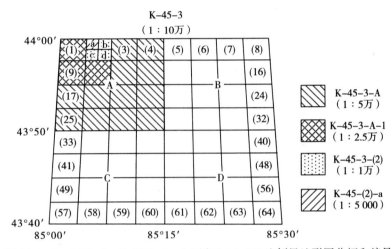

图 10-4 1∶5 万、1∶2.5 万、1∶1 万和 1∶5 000 比例尺地形图分幅和编号

10.1.1.2 国家基本比例尺地形图的分幅与编号 2012 年 10 月 1 日起实行《国家基本比例尺地形图分幅和编号》（GB/T 13989—2012），该标准适用于 1∶1 000 000～1∶500 国家基本比例尺的地形图分幅与编号。

（1）地形图分幅。1∶100 万地形图的分幅采用国际 1∶100 万地图分幅标准，其他比例尺地形图均以 1∶100 万为基础，按规定的经差、纬差划分图幅。各比例尺地形图的经纬差、行列数和图幅数成简单的倍数关系，见表 10-1。

（2）地形图编号。1∶100 万图幅的编号与国际分幅编号一致，由图幅所在的行号和列号组成，中间不加连接符。如北京所在的 1∶100 万地形图的编号为 J50。

1∶50 万～1∶5 000 地形图的编号均以 1∶100 万地形图编号为基础，采用行列编号法。其图号均由所在 1∶100 万地形图的图号、比例尺代码（见表 10-2）和各图幅的行列共 10 位码组成。如图 10-5 和图 10-6 所示。例如，1∶1 万的图号为 J50G094006。

表 10-1 1∶100 万～1∶500 地形图的图幅范围、行列数量和图幅数量关系

比例尺		1∶1 000 000	1∶500 000	1∶250 000	1∶100 000	1∶50 000	1∶25 000	1∶10 000	1∶5 000	1∶2 000	1∶1 000	1∶500
图幅范围	经差	6°	3°	1°30′	30′	15′	7′30″	3′45″	1′52.5″	37.5″	18.75″	9.375″
	纬差	4°	2°	1°	20′	10′	5′	2′30″	1′15″	25″	12.5″	6.25″

（续）

比例尺		1:1 000 000	1:500 000	1:250 000	1:100 000	1:50 000	1:25 000	1:10 000	1:5 000	1:2 000	1:1 000	1:500
行列数量关系	行数	1	2	4	12	24	48	96	192	576	1 152	2 304
	列数	1	2	4	12	24	48	96	192	576	1 152	2 304
图幅数量关系（图幅数量＝行数×列数）		1	4 (2×2)	16 (4×4)	144 (12×12)	576 (24×24)	2 304 (48×48)	9 216 (96×96)	36 864 (192×192)	331 776 (576×576)	1 327 104 (1 152× 1 152)	5 308 416 (2 304× 2 304)
			1	4 (2×2)	36 (6×6)	144 (12×12)	576 (24×24)	2 304 (48×48)	9 2164 (96×96)	82 9444 (288×288)	331 7764 (576×576)	1 327 104 (1 152× 1 152)
				1	9 (3×3)	36 (6×6)	144 (12×12)	576 (24×24)	2 304 (48×48)	20 736 (144×144)	82 944 (288×288)	331 776 (576×576)
					1	4 (2×2)	16 (4×4)	64 (8×8)	256 (16×16)	2 304 (48×48)	9 216 (96×96)	36 864 (192×192)
						1	4 (2×2)	16 (4×4)	64 (8×8)	576 (24×24)	2 304 (48×48)	9 216 (96×96)
							1	4 (2×2)	16 (4×4)	144 (12×12)	576 (24×24)	2 304 (48×48)
								1	4 (2×2)	36 (6×6)	144 (12×12)	576 (24×24)
									1	9 (3×3)	36 (6×6)	144 (12×12)
										1	4 (2×2)	16 (4×4)
											1	4 (2×2)

表 10-2　我国基本比例尺代码

比例尺	1:50万	1:25万	1:10万	1:5万	1:2.5万	1:1万	1:5 000	1:2 000	1:1 000	1:500
代码	B	C	D	E	F	G	H	I	J	K

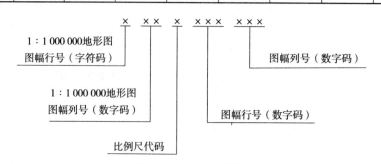

图 10-5　1:50 万～1:5 000 地形图图幅编号的组成

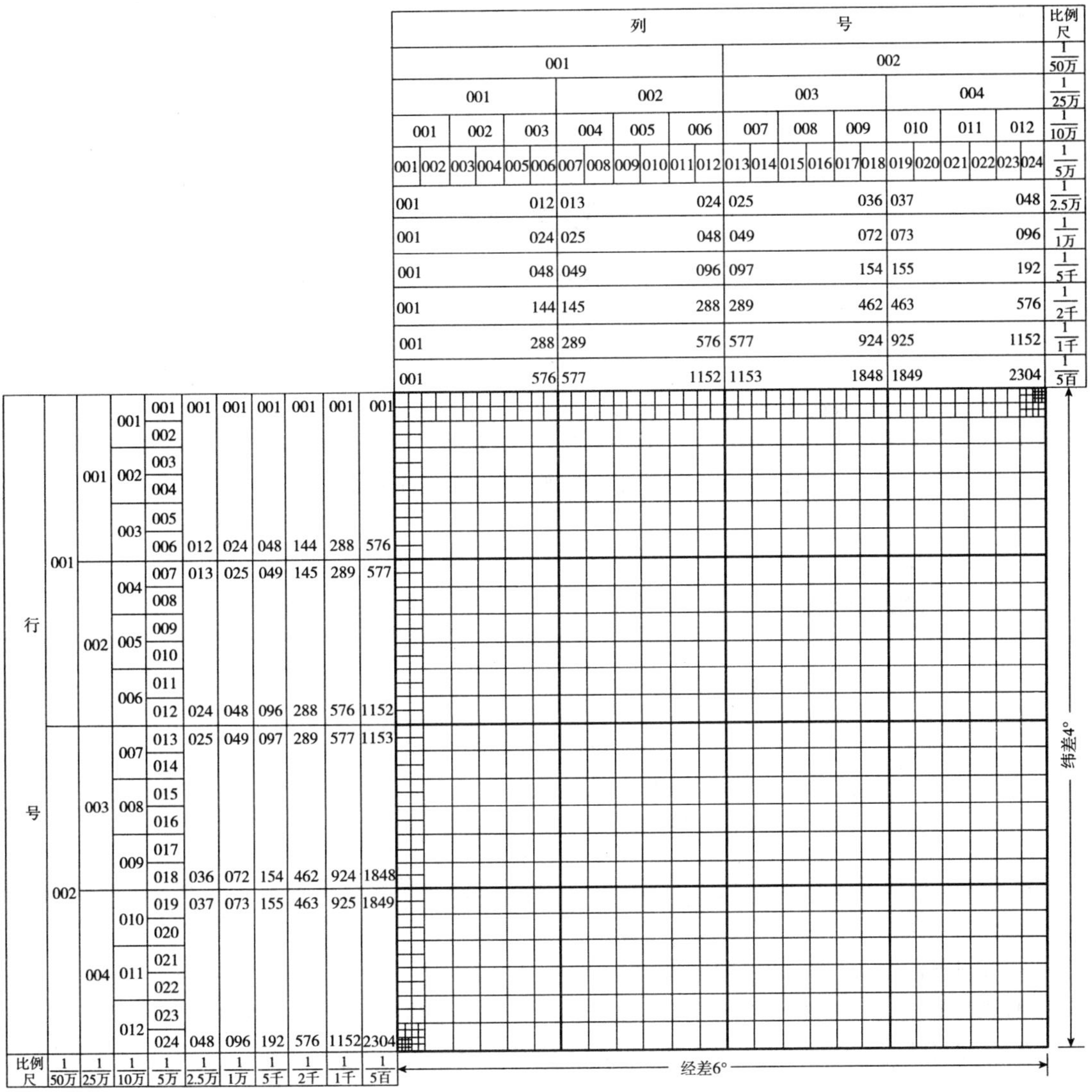
列 号
比例尺
001 002
001 002 003 004
001 002 003 004 005 006 007 008 009 010 011 012
001 002 003 004 005 006 007 008 009 010 011 012 013 014 015 016 017 018 019 020 021 022 023 024
001 012 013 024 025 036 037 048
001 024 025 048 049 072 073 096
001 048 049 096 097 154 155 192
001 144 145 288 289 462 463 576
001 288 289 576 577 924 925 1152
001 576 577 1152 1153 1848 1849 2304
1/50万 1/25万 1/10万 1/5万 1/2.5万 1/1万 1/5千 1/2千 1/1千 1/5百
行 号
001 002
001 002 003 004
001 002 003 004 005 006 007 008 009 010 011 012
001 002 003 004 005 006 007 008 009 010 011 012 013 014 015 016 017 018 019 020 021 022 023 024
001 012 013 024 025 036 037 048
001 024 025 048 049 072 073 096
001 048 049 096 097 154 155 192
001 144 145 288 289 462 463 576
001 288 289 576 577 924 925 1152
001 576 577 1152 1153 1848 1849 2304
纬差4°
经差6°

图 10-6　1∶50 万～1∶500 地形图的行、列编号

1∶2 000 地形图的编号方法与 1∶50 万～1∶5 000 地形图的编号方法相同。也可以根据需要在 1∶5 000 地形图编号后加短线，再加 1、2、3、4、5、6、7、8、9 表示，如图 10-7 所示。

例如：图 10-7 中灰色区域所示图幅的编号为 H49H192097-5。

1∶1 000、1∶500 地形图图幅编号均以 1∶100 万地形图编号为基础，采用行列编号法。其图号由所在 1∶100 万地形图的图号、比例尺代码（表 10-1）和各图幅的行列共 12 位码组成，如图 10-8 所示。例如，1∶500 的图号为 J50K23040097。

10.1.2　正方形分幅和矩形分幅法

1∶2 000、1∶1 000、1∶500 地形图可根据需要采用 50cm×50cm 正方形分幅和

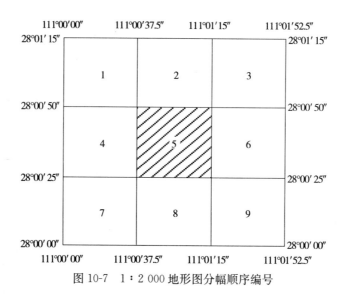

图 10-7 1∶2 000 地形图分幅顺序编号

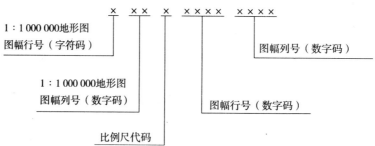

图 10-8 1∶1 000、1∶500 地形图图幅编号

40cm×50cm 矩形分幅。其图幅的编号一般采用图廓西南角坐标编号法，也可选用行列编号法和流水编号法。

采用图廓西南角坐标编号时，X 坐标千米数在前，Y 坐标千米数在后。1∶2 000、1∶1 000地形图取至 0.1km（如 10.0-21.0）；1∶500 地形图取至 0.01km（如 10.40-27.75）。

流水编号法是对带状测区或小面积测区统一顺序编号，一般从左到右，从上到下用阿拉伯数字 1、2、3、…编定。如图 10-9 灰色区域所示图幅编号：××-8（××为测区代号）。

行列编号法一般采用以字母（如 A、B、C、…）为代号的横行从上到下排列，以阿拉伯数字为代号的纵列从左到右排列来编定，先行后列。如图 10-10 灰色区域所示图幅编号为A-4。

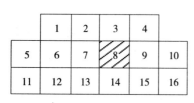

图 10-9 流水编号法

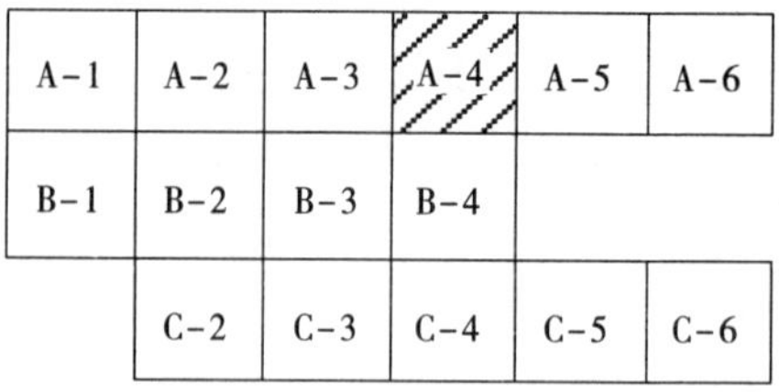

A-1	A-2	A-3	A-4	A-5	A-6
B-1	B-2	B-3	B-4		
	C-2	C-3	C-4	C-5	C-6

图 10-10 行列编号法

10.2 地形图的识读

地形图包含丰富的自然地理、人文地理和社会经济信息，为了能够正确应用地形图，必须了解地形图的基本内容。

10.2.1 地形图图外注记

地形图的图廓外有图名、图号、接图表、比例尺、图廓、坐标格网、坡度尺等注记。

10.2.1.1 图名、图号、接图表 图名是指本图的名称，一般以图幅内最重要地物或地貌名称命名，注记在图廓外上方中央。图号是图幅的编号，位于图名的正下方。接图表由9个小格组成，注记在图廓外的左上角，中间绘制斜线的方格表示本幅图，四周分别注记相邻地形图的图名或图号，如图10-11所示。

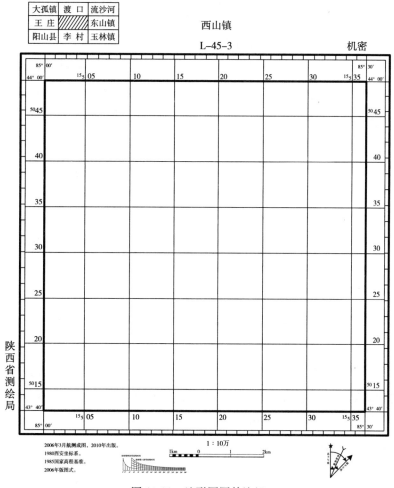

图 10-11 地形图图外注记

10.2.1.2 比例尺 在图廓外的下方正中央注记数字比例尺，此外还绘制有图示比例尺。应用图示比例尺可以在地形图上量取实地距离或将实地距离换算成图上长度。

10.2.1.3 坡度尺 坡度尺是按等高距 h 与等高线平距 d 之间的关系，由公式 $i=h/(d\times M)$ 计算，绘制在图廓外的下方，用于量测地形图上地面坡度或倾角的图解曲线尺，如图 10-12 所示。坡度尺可以量测相邻两条至六条等高线之间的坡度。

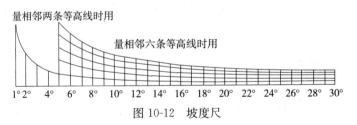

图 10-12 坡度尺

10.2.1.4 图廓与坐标格网 图廓是地形图四周的边界，有内图廓和外图廓之分，如图 10-13 所示。内图廓是一幅图的实际范围，对于梯形分幅，内图廓是由上下两条纬线和左右两条经线构成；在内、外图廓之间，以内图廓西南角的经纬度为起点，每隔经差 $1'$、纬差 $1'$ 绘制的黑色短线称为分度带；同时，在图幅内有纵、横正交的坐标格网线，其坐标以千米为单位标注在内、外图廓之间。对于矩形和正方形分幅，内图廓是由平行于 X 轴和 Y 轴的直线构成。

10.2.1.5 三北方向 在图廓外下方右侧，绘制有真子午线方向、磁子午线方向和坐标纵线方向之间关系的三北方向图，可以进行真方位角、磁方位角和坐标方位角之间的换算，如图10-14所示。

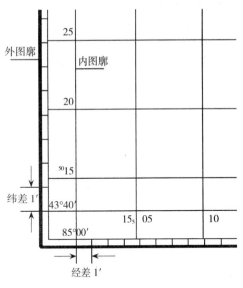

图 10-13 图廓及坐标格网

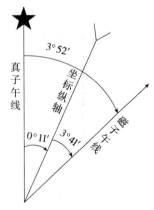

图 10-14 三北方向

10.2.1.6 其他辅助要素 在外图廓的左下角注明坐标系统、高程系统和等高距、地形图图式版本、测图时间和测图单位等，如图 10-11 所示。

10.2.2 地形图的判读

地形图上的地物和地貌是根据地形图图式符号表示的。要想熟练地使用地形图，必须熟悉常用的地物符号，了解地物符号和注记的含义，熟悉典型地貌的等高线表达及等高线的特性。

10.2.2.1 测量控制点 测量控制点包括 GPS 点、三角点、导线点、图根点、水准点等。一般注记有点名或点号、等级和高程。

10.2.2.2 地物的判读 地物主要是根据各种地物符号和注记进行判读的。各种符号和注记所表示的意义，在地形图图式中都有具体的规定。在判读地物时，要了解地物的分布情况，如居民点、交通线路、水系、植被、农田等；要注意地物符号的主次让位问题，如铁路和公路并行，图上是以铁路中心位置绘制铁路符号，而公路符号让位。

10.2.2.3 地貌的判读 地貌主要是根据等高线进行判读。等高线上的高程注记一般在计曲线上，字头朝向高处，示坡线指向低处；等高线的疏密表示地面坡度的大小。在地貌判读时，首先由等高线判读地形的总体情况，确定地势的走向；根据等高线凸、凹的形态，判别山脊和山谷；由等高线形成的封闭圈及凸凹变化，判别山头和鞍部。通过山脊和山谷可以确定分水线、集水线，了解水系的分布。要想从曲折致密的等高线中判读整个地貌的分布、组成情况，一般先分析它的水系，根据河流的位置找出最大的集水线，称为一等集水线，在一等集水线两侧找出二等集水线，以此类推，找出各级集水线。由不同等级的集水线形成树枝状的网脉，再与各种地貌形态联系起来，就可对整个地面有了比较完整的了解。

10.3 地形图的应用

10.3.1 地形图应用的基本内容

10.3.1.1 确定点的坐标 如图 10-15 所示，欲求 A 点的坐标，过 A 点分别作坐标格网的垂线 ef 和 hg。用直尺分别量出 ab、ad、ae、ag 的长度，根据下列公式计算 A 点的坐标：

$$\left. \begin{array}{l} X_A = X_a + \dfrac{gA}{gh} \cdot l \cdot M \\[3mm] Y_A = Y_a + \dfrac{eA}{ef} \cdot l \cdot M \end{array} \right\} \tag{10-1}$$

式中：X_a、Y_a——方格网角点 a 的坐标；

l——坐标格网的理论边长值；

M——比例尺分母。

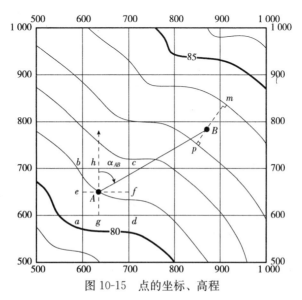

图 10-15 点的坐标、高程

10.3.1.2 确定点的高程 如图 10-15 所示，A 点恰好位于等高线上，A 点的高程就是该等高线的高程；B 点位于两条等高线之间，过 B 点作相邻两条等高线的垂线 mp，量取 pm、pB 的长度，根据式（10-2）计算 B 点的高程：

$$H_B = H_p + \frac{pB}{pm} \cdot h \tag{10-2}$$

式中：H_p——p 点高程；

   h——等高距。

精度要求不高时，也可以根据目估直接读出 B 点的高程。

10.3.1.3 确定直线的长度、坐标方位角 如图 10-15 所示，在地形图上按前述方法量取 A、B 两点坐标 $(X_A，Y_A)$、$(X_B，Y_B)$，根据式（10-3）计算直线 AB 的长度和坐标方位角：

$$\left. \begin{array}{l} D_{AB} = \sqrt{(X_B - X_A)^2 + (Y_B - Y_A)^2} \\ \alpha_{AB} = \arctan \dfrac{Y_B - Y_A}{X_B - X_A} \end{array} \right\} \tag{10-3}$$

也可以用比例尺直接量取直线的长度，用量角器量取坐标方位角。

10.3.1.4 确定直线的坡度 如图 10-15 所示，在地形图上按前述方法量算直线 AB 的长度及 A、B 两点的高程 H_A、H_B，根据式（10-4）计算坡度：

$$i = \frac{h_{AB}}{D_{AB}} = \frac{H_B - H_A}{D_{AB}} \tag{10-4}$$

坡度通常以分子为 1 的分数或百分数表示。

10.3.2 地形图在工程中的应用

10.3.2.1 按设计坡度在地形图上选线 在管线、渠道、道路等工程设计时，往往对坡度提出要求，需要在地形图上按限定坡度选线，以确定最优方案。

如图 10-16 所示，1∶500 的地形图上，从 A 点到 B 点按 5％的坡度设计一条线路，地

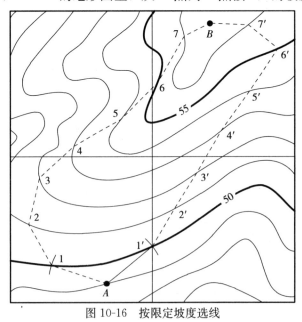

图 10-16 按限定坡度选线

形图等高距为1m。

根据坡度计算公式 $i=h/D=h/(d\times M)$，求出5%坡度下相邻等高线之间的最小平距：

$$d=\frac{h}{i\times M}=\frac{1}{5\%\times 500}=0.04\text{m}=4\text{cm} \tag{10-5}$$

在图上，以 A 点为圆心，4cm 为半径画弧，与50m 等高线分别交于1、$1'$点；再分别以 1、$1'$点为圆心，4cm 为半径画弧，与51m 等高线分别交于2、$2'$点；依此类推，直到 B 点。将相邻点连接起来，得到两条5%坡度的线路。综合考虑实地情况，最后选择一条合理路线。

10.3.2.2 绘制断面图 在线路工程设计中，为了工程量的概算和坡度设计，需要了解沿线路方向的地面起伏状况，绘制线路的纵断面图。

如图 10-17 所示，地形图上 A、B 两点间布设一条线路。首先连接 A、B 两点，直线 AB 与各等高线分别相交，交点高程即为相应等高线的高程。

绘制直角坐标系，坐标原点为线路起点 A，横轴表示水平距离，纵轴表示高程，纵轴比例尺一般取横轴比例尺的5~10 倍。在地形图上，从 A 点开始，分别量取线路与各等高线的交点至 A 点的距离，以及交点的高程，根据距离和高程将各交点依纵、横轴比例尺标定在坐标系中。以光滑曲线将坐标系中的各个交点连接起来，得到 AB 方向的纵断面图。

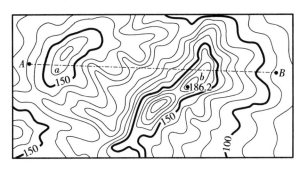

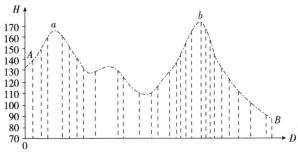

图 10-17 纵断面

10.3.2.3 确定汇水边界 铁路、公路在跨越山谷时，必须要修筑桥梁、涵洞等建筑物，桥涵的大小取决于汇水面积、水量等参数。此外，为防洪、发电、灌溉等目的而修建的水库，汇水面积的大小是水库蓄水量计算的主要依据之一。

如图 10-18 所示，AB 为待建水库设计的坝址位置，图中阴影部分即为汇水区域。确定汇水边界是从坝的一端出发，经过若干山脊线（分水线），最后回到坝的另一个端点，形成一个闭合的环线。

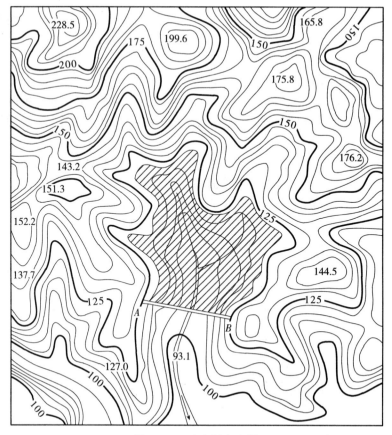

图 10-18　确定汇水边界

10.3.2.4　库容计算　在水库设计时，定出坝的溢洪道高程后，就可以确定水库的淹没面积，如图 10-18 中的阴影部分，淹没面积以下的蓄水量即为水库的库容。

库容一般采用等高线法计算。先求出水库库容内每一条等高线所围的面积 S_1、S_2、…、S_n、S_{n+1}，其中 S_{n+1} 为高程最低一根等高线所围的面积；然后根据等高距 h 和相邻两层等高线的面积，求出相邻等高线之间的体积 V_1、V_2、…、V_n，最底部的体积 V_{n+1} 由最低一层的等高线面积 S_{n+1} 和库底高差 h' 计算。将各层的体积求和，得到总库容。

$$V_1 = \frac{S_1 + S_2}{2} \cdot h$$

$$V_2 = \frac{S_2 + S_3}{2} \cdot h$$

$$\cdots\cdots\cdots\cdots$$

$$V_n = \frac{S_n + S_{n+1}}{2} \cdot h$$

$$V_{n+1} = \frac{1}{3} \cdot S_{n+1} \cdot h'$$

水库总库容为

$$V = V_1 + V_2 + \cdots + V_n + V_{n+1}$$
$$= \left(\frac{S_1}{2} + S_2 + S_3 + \cdots + \frac{S_{n+1}}{2} \right) \cdot h + \frac{1}{3} \cdot S_{n+1} \cdot h' \qquad (10\text{-}6)$$

10.4 面积量测

在工程建设规划设计中，经常需要在地形图上量算某一区域的面积。例如，汇水面积、耕地面积、林地面积、居民用地面积等。对于规则形状，如四边形、三角形、任意多边形等，可以按照几何形状的面积计算公式求得；不规则形状可采用透明格网法、平行线法等计算面积。

10.4.1 透明格网法

使用标准透明方格纸，将其覆盖在地形图的待测图形上，如图 10-19 所示。数出图形范围内的整方格数，以及边界线通过的不完整的方格数，将不完整的方格数凑整为整方格数，最后统计出方格的总数。按比例尺求出每一个方格的实地面积，进而求得曲线所包围的实际面积。该方法方便、快捷，但精度较低。

10.4.2 平行线法

如图 10-20 所示，在透明纸上按等间距 h 绘制若干条相互平行的直线，将其覆盖在地形图待测图形上，每两条平行线之间组成一个梯形，整个区域由若干梯形组成。量取每一个梯形的中线长度 l_i，则面积为

$$S = h(l_1 + l_2 + \cdots + l_n) = h \sum_{i=1}^{n} l_i \qquad (10\text{-}7)$$

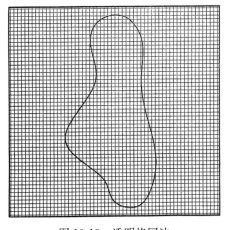

图 10-19 透明格网法

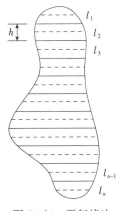

图 10-20 平行线法

10.4.3 电子求积仪法

电子求积仪是一种用来测定任意形状、任意比例尺图形面积的仪器，如图 10-21 所示。电子求积仪主要由动极、功能键盘、显示窗、跟踪臂和描迹放大镜等组成。电子求积仪具有

操作简单、量测快速、体积小等特点。

量测面积时，先将图纸铺平固定在平面上，仪器放在待测图形的中心附近，选择一个起点，用描迹放大镜中的标志对准起点，沿图形轮廓顺时针方向跟踪描迹一周，屏幕上显示图形面积。虽然求积仪的生产厂家不同、型号不同，但基本功能大致相同。具体操作方法，这里不再赘述，可参照具体仪器的说明书使用。

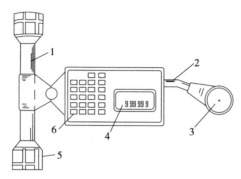

图 10-21　电子求积仪

1. 动极轴　2. 跟踪臂　3. 描迹放大镜　4. 显示窗　5. 动极　6. 功能键

思 考 题

1. 国家基本比例尺地形图有哪些？
2. 地形图分幅与编号的方法有哪些？
3. 地形图应用的基本内容有哪些？

11 施工测量的基本工作

11.1 施工测量概述

施工测量是利用地面已知控制点，按照工程设计要求，将图纸上的建（构）筑物的平面位置和高程测设到地面上，作为施工的依据。为减少误差累计，保证测设的精度，施工测量也必须遵循"由整体到局部、先控制后细部、由高级到低级"的原则。

施工测量贯穿于施工的整个过程，既要满足施工进度的要求，又要保证施工的质量。施工测量的精度要求取决于工程的性质、规模、材料、用途。如高层建筑物的施工测量精度要求一般高于低层建筑物，钢结构施工测量精度要求高于钢筋混凝土结构，长隧道工程的施工测量精度要求高于短隧道工程等，而且在施工测量中往往局部精度要求高于整体定位精度要求。因此，施工测量时要求测量人员必须熟悉设计图纸，了解设计的内容、性质、测量工作的精度要求及施工的全过程，使测量工作能够与施工密切配合。

施工场地上工种多、交叉作业频繁，车辆、人流复杂，对测量工作干扰较大，容易造成测量标志受损和丢失。因此各种测量标志必须埋设在稳固、不易被破坏处，一旦受损要及时进行恢复。

施工测量主要是地面点的位置放样。首先要确定放样点与控制点之间的角度、距离和高程之间的关系，这些位置关系称为放样（测设）数据，然后使用测量仪器，根据放样数据在地面上标定出放样点的具体位置。此外，可以利用全站仪、RTK 接收机直接按照坐标进行放样。

11.2 测设的基本工作

测设的基本工作包括水平角、水平距离和高程的测设。

11.2.1 水平距离测设

水平距离的测设是从一个已知点起，沿指定方向按设计的水平距离定出直线的另一端点。主要有钢尺测设和全站仪测设。

11.2.1.1 钢尺测设 从给定的起点沿指定方向，用钢尺丈量出设计的水平距离 D，得到直线的另一端点。为了检核，再返测其长度 D'，得到往返丈量较差 $\Delta D = D - D'$，若 ΔD 在限差以内，取其平均值对测设出位置进行改正。

11.2.1.2 全站仪测设 当测设的距离较长，精度要求较高时，通常采用全站仪进行测设。如图 11-1 所示，将全站仪安置于 A 点，棱镜设置在指定方向线上，启动仪器的平距测量功能，沿指定方向前后移动棱镜，当仪器所测水平距离为给定距离时，棱镜所在位置即为 B 点设计位置。

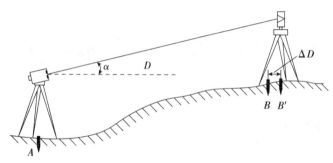

图 11-1　全站仪测设水平距离

11.2.2　水平角测设

水平角的测设是根据地面上已有的一条方向线和设计的水平角值，把水平角的另一个方向在实地上标定出来。

11.2.2.1　一般方法　如图 11-2 所示，OA 为已知方向，测设已知水平角 β 的步骤如下：

（1）在 O 点安置经纬仪，盘左位置瞄准 A 点，配置水平度盘读数为 $0°00'00''$。

（2）顺时针旋转照准部，使水平度盘读数为 β，在此方向线上定出 B' 点。

（3）倒转望远镜成盘右位置，以同样方法在地面上定出 B''。

（4）取 B'、B'' 的中点 B，则 OB 就是要测设的方向线。

11.2.2.2　精确方法　当水平角的测设精度要求较高时，按下述步骤进行：

（1）如图 11-3 所示，用一般方法定出 B' 点。

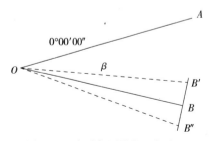

图 11-2　水平角测设的一般方法

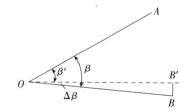

图 11-3　水平测设的精确方法

（2）用多个测回测出 $\angle AOB'$ 的角值 β'。计算它与设计水平角的差值 $\Delta\beta = \beta - \beta'$。

（3）计算改正距离：

$$BB' = OB' \frac{\Delta\beta}{\rho} \tag{11-1}$$

（4）从 B' 点沿 OB' 的垂直方向量出 BB'，定出 B 点，则 OB 就是要测设的方向线。

注意：若 $\Delta\beta$ 为正，则沿 OB' 的垂直方向向外量取，反之向内量取。

11.2.3　高程测设

高程测设是根据已知水准点，采用水准测量的方法将设计的高程标定到实地的工作。

如图 11-4 所示，A 为已知水准点，其高程为 H_A，B 点的设计高程为 H_B。测设方法如下：

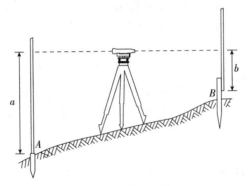

图 11-4 高程测设

（1）在 A、B 两点间安置水准仪，整平仪器，照准 A 点水准尺，读取读数 a。

（2）计算 B 点水准尺应有读数 b，由 $h_{AB}=a-b=H_B-H_A$，可得

$$b = H_A + a - H_B \tag{11-2}$$

（3）水准仪照准 B 点水准尺，上下移动水准尺，使水准尺读数为应有读数 b。

（4）沿水准尺底端在木桩上划一横线，该线就是要测设的设计高程。

当在开挖的深基坑内或较高的楼层面上测设已知高程时，在地面上安置水准仪无法看到水准尺，这时就需要在坑底附近或楼层面上先设置临时水准点，将地面已知高程引测到该点，再测设已知高程。这种引测高程的方法称为高程传递。

如图 11-5 所示，在基坑边缘悬挂一根零点向下的钢尺，在尺下端吊一重锤。在地面上和基坑内各安置一台水准仪，在 A、B 两点放置水准尺，读取水准尺和钢尺的读数 a_1、b_1、a_2、b_2，则 B 点的高程为

$$H_B=H_A+a_1-(b_1-a_2)-b_2 \tag{11-3}$$

当需要由地面向高处传递高程时，可采用同样方法进行。

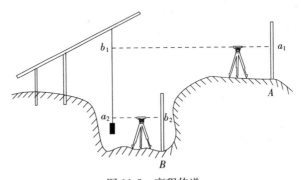

图 11-5 高程传递

11.3 坡度和圆曲线的测设

11.3.1 坡度测设

在道路、沟渠、排水管道等工程施工时，往往需要按一定的设计坡度进行施工，这时需要将设计的坡度线测设到地面上。

如图 11-6 所示,已知 A 点高程 H_A,要求沿 AB 方向测设一条坡度为 i 的直线,测设方法如下:

(1)根据 A、B 两点间水平距离 D 和设计坡度 i,计算出 B 点的高程:

$$H_B = H_A + D \times i \tag{11-4}$$

(2)按照高程测设的方法,测设出 B 点高程位置。

(3)将水准仪安置在 A 点,使仪器的一个脚螺旋在 AB 方向线上,量取仪器高 b。

(4)用水准仪照准 B 点水准尺,转动微倾螺旋或 AB 方向线上的脚螺旋,使水准尺读数等于仪器高 b。

(5)在 1、2、3 点上分别打入木桩,使各桩上水准尺的读数都等于仪器高 b,则各桩顶连线就是一条坡度为 i 的直线。

当坡度较大时,可按上述方法采用经纬仪测设。

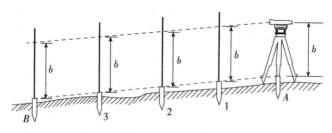

图 11-6 坡度测设

11.3.2 圆曲线测设

在道路、渠道、管道等线路的拐弯处常设置曲线,曲线的形式很多,如圆曲线、缓和曲线、回头曲线等。这里主要介绍圆曲线的测设方法。

11.3.2.1 圆曲线主点元素的计算 如图 11-7 所示,线路的转折点为 JD(也称为交点),转角为 α(也称为偏角),圆曲线半径为 R。

圆曲线的主点包括圆曲线起点 ZY(称为直圆点)、圆曲线中点 QZ(称为曲中点)、圆曲线终点 YZ(称为圆直点)。根据线路偏角 α、圆曲线半径 R,计算圆曲线切线长 T、曲线长 L、外矢距 E,即可确定圆曲线的主点,为了校核计算,还需要计算切曲差 q,具体计算如下:

切线长 $$T = R \tan \frac{\alpha}{2} \tag{11-5}$$

曲线长 $$L = \frac{\pi}{180°} R\alpha \tag{11-6}$$

外矢距 $$E = R\left(\sec \frac{\alpha}{2} - 1\right) \tag{11-7}$$

切曲差 $$q = 2T - L \tag{11-8}$$

11.3.2.2 圆曲线主点的测设 依据圆曲线的计算元素,将圆曲线主点测设于地面上,如图 11-7 所示,测设方法如下:

(1)经纬仪安置在 JD 上,完成对中、整平。

(2)照准后视、前视相邻交点,分别沿照准方向

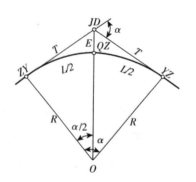

图 11-7 圆曲线主点元素

截取切线长 T，即可定出直圆点 ZY 和圆直点 YZ。

（3）后视圆直点 YZ，测设（$180°-\alpha$）/2 的水平角，得到内角平分线方向，量取外矢距 E，定出曲中点 QZ。

11.3.2.3　圆曲线主点里程桩推算　为了计算线路的长度，从线路的起点开始，每隔一定的距离（如 20 m、25 m、50 m 等）测设一桩，称为整桩，并在桩上注记距线路起点的距离。在坡度变化、穿越地物等处要增设加桩。整桩、加桩均称为里程桩。圆曲线上各主点桩号计算方法见式（11-9）：

$$\left.\begin{aligned}&\text{ZY 点的桩号}=\text{交点 JD 的桩号}-T\\&\text{QZ 点的桩号}=\text{ZY 点的桩号}+L/2\\&\text{YZ 点的桩号}=\text{ZY 点的桩号}+L\end{aligned}\right\} \tag{11-9}$$

11.3.2.4　圆曲线细部点的测设　圆曲线主点测设后，初步确定了曲线在地面上的位置。当曲线较长、地形变化较大时，三个主点不能将圆曲线的形状反映出来，也满足不了施工的需要。此时还需要在主点测设的基础上，将圆曲线上每隔一定距离的细部点测设出来。细部点测设方法很多，如偏角法、直角坐标法、切线支距法等。这里主要介绍偏角法。

偏角法是以直圆点 ZY 或圆直点 YZ 至曲线上任一细部点的弦线与切线之间的偏角和弦长来测设细部点的位置。通常圆曲线细部点间的弧长 l 取整数（如 $l=5$ m），但 ZY 点、YZ 点一般不是整数桩。因此，ZY 点至曲线第一个细部点的弧长 l_1 和曲线上最后一个细部点至 YZ 点的弧长 l_2 是两段小于整弧长 l 的弧。则圆曲线的长度为

$$L=l_1+nl+l_2 \tag{11-10}$$

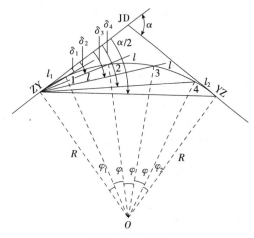

图 11-8　偏角法

（1）偏角的计算。如图 11-8 所示，弧长 l_1、l、l_2 对应的圆心角分别为 φ_1、φ、φ_2，圆心角计算公式如下：

$$\left.\begin{aligned}\varphi_1&=\frac{l_1}{R}\cdot\frac{180°}{\pi}\\\varphi&=\frac{l}{R}\cdot\frac{180°}{\pi}\\\varphi_2&=\frac{l_2}{R}\cdot\frac{180°}{\pi}\end{aligned}\right\} \tag{11-11}$$

弧长 l_1、l、l_2 对应的弦长分别为 S_1、S、S_2，弦长计算公式如下：

$$\left.\begin{aligned}S_1&=2R\sin\frac{\varphi_1}{2}\\S&=2R\sin\frac{\varphi}{2}\\S_2&=2R\sin\frac{\varphi_2}{2}\end{aligned}\right\} \tag{11-12}$$

曲线上各细部点的偏角等于相应弧长所对圆心角的一半，即

$$
\left.
\begin{aligned}
&1\ 点的偏角\ \delta_1 = \frac{\varphi_1}{2}\\[6pt]
&2\ 点的偏角\ \delta_2 = \frac{\varphi_1}{2} + \frac{\varphi}{2}\\[6pt]
&3\ 点的偏角\ \delta_3 = \frac{\varphi_1}{2} + \frac{\varphi}{2} + \frac{\varphi}{2} = \frac{\varphi_1}{2} + \varphi\\[6pt]
&\qquad\qquad\vdots\\[6pt]
&YZ\ 点的偏角\ \delta_n = \frac{\varphi_1}{2} + \frac{\varphi}{2} + \cdots + \frac{\varphi_2}{2} = \frac{\alpha}{2}
\end{aligned}
\right\}
\qquad (11\text{-}13)
$$

(2) 细部点的测设。如图 11-8 所示，经纬仪安置在 ZY 点上，盘左瞄准 JD 的方向，将水平度盘置零。顺时针转动仪器，使水平度盘读数为 δ_1，从 ZY 点沿此方向量取弦长 S_1，在地面上定出 1 点；继续转动仪器，使水平度盘读数为 δ_2，从 1 点以弦长 S 为半径做圆弧与仪器视线方向相交于 2 点，依此类推，将其余细部点测设于地面上。当水平度盘读数为 $\alpha/2$ 时，仪器的视线应通过 YZ 点，且最后一个细部点到 YZ 点的弦长为 S_2，以此检查测设的质量。

11.4　点的平面位置测设

点的平面位置测设方法有直角坐标法、极坐标法、角度交会法和距离交会法。选用哪种方法，应视现场的实际情况而定。

11.4.1　直角坐标法

施工现场有互相垂直的主轴线、建筑基线或方格网线时，常用直角坐标法测设点位。如图 11-9 所示，12 和 23 为两条相互垂直的建筑基线，建筑物轴线分别平行于 12 和 23 两条基线，建筑物 $ABCD$ 四个角点的坐标在设计图纸上已给定。首先计算出 A、B、C、D 四点与 2 点的坐标增量，例如 A 点相对于 2 点的坐标增量为 $\Delta X_A = X_A - X_2$，$\Delta Y_A = Y_A - Y_2$。

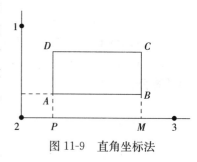

图 11-9　直角坐标法

将经纬仪安置于 2 点，瞄准 3 点，沿此方向测设水平距离 ΔY_A 得 P 点，测设水平距离 ΔY_B 得 M 点。再将经纬仪搬至 P 点，瞄准 2 点测设 $90°$ 水平角，或瞄准 3 点测设 $270°$ 水平角，得到 PA 方向，在 PA 方向以 P 为起点测设水平距离 ΔX_A 得到 A 点，测设水平距离 ΔX_D 得到 D 点。同理，将仪器安置在 M 点测设出 B 点和 C 点。

11.4.2　极坐标法

如图 11-10 所示，A、B 为地面已知控制点，坐标为 $A\ (X_A，Y_A)$、$B\ (X_B，Y_B)$，P 点设计坐标为 $P\ (X_P，Y_P)$，测设数据 D_{AP}、β 的计算如下：

$$\alpha_{AP} = \arctan \frac{Y_P - Y_A}{X_P - X_A}$$

$$\alpha_{AB} = \arctan \frac{Y_B - Y_A}{X_B - X_A}$$

$$\beta = \alpha_{AP} - \alpha_{AB}$$

$$D_{AP} = \sqrt{(X_P - X_A)^2 + (Y_P - Y_A)^2}$$

$$(11\text{-}14)$$

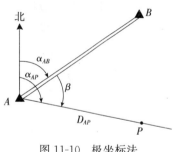

图 11-10　极坐标法

将经纬仪安置在 A 点，后视 B 点，测设水平角 β，得到 AP 方向，沿此方向以 A 为起点测设水平距离 D_{AP}，得到 P 点位置。

11.4.3　角度交会法

测设点距离已知控制点较远或不便于量距时可采用角度交会法。如图 11-11 所示，根据地面已知控制点 A、B、C 的坐标和测设点 P 的坐标，计算 β_1、β_2、β_3、β_4。在 A 点安置经纬仪，B 点为定向方向，根据 β_1 的角值，测设出 AP 方向线，并在 P 点附近的 AP 方向线上标定出两点，拉上小线，如图 11-11 中的 ab。同法，在 B、C 两点上分别安置经纬仪，在 P 点附近的 BP 和 CP 方向线上拉上小线 cd 和 ef。三条线构成误差三角形，若误差三角形的边长在限差范围，取误差三角形的重心作为 P 点最终位置，否则需要重新进行测设。

11.4.4　距离交会法

测设点距离控制点较近，场地较平坦，便于量距时可采用距离交会法。如图 11-12 所示，由地面已知控制点 A、B 的坐标和测设点 P 的坐标，计算 A 点、B 点至 P 点的水平距离 D_1、D_2。分别以 A、B 两点为圆心，D_1、D_2 为半径，在地面上绘弧线，两弧交点即为 P 点位置。距离交会法不需要使用仪器，但精度较低。

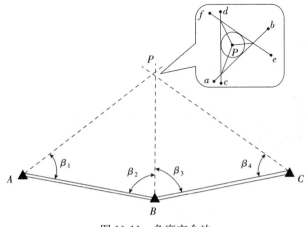

图 11-11　角度交会法

11.4.5　全站仪、RTK 接收机的坐标测设方法

全站仪、RTK 接收机根据坐标测设点位，适用于各类地形情况，操作简便、快捷，目

前已被广泛应用于施工放样中。

11.4.5.1 全站仪测设坐标 如图 11-13 所示，A、B 为已知控制点，P 点为测设点。

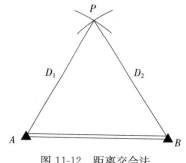

图 11-12 距离交会法

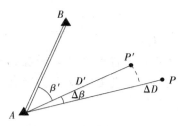

图 11-13 全站仪坐标测设

（1）将 A、B、P 三点坐标输入全站仪。

（2）全站仪架设于 A 点，后视 B 点进行定向，调用全站仪内置放样程序并设置相关参数（仪器高、棱镜高、测站点坐标、后视点坐标、放样点坐标等）。

（3）根据输入的参数，放样程序自动计算出全站仪当前方向 AP' 与放样方向 AP 间的角度差 $\Delta\beta$，转动全站仪，使 $\Delta\beta$ 变为零，此时全站仪方向即为放样方向 AP。

（4）全站仪操作人员指挥棱镜移动，使棱镜移动到 AP 方向上，测量距离，放样程序自动计算距离差 ΔD，根据 ΔD 指挥棱镜前后移动，直至到达 P 点设计位置。

11.4.5.2 RTK 接收机测设坐标

（1）架设基站、流动站并进行相关设置（见数字化测图部分）。

（2）输入放样点 P 的坐标，并调用 RTK 接收机手簿测量页主菜单上的"点放样"功能。

（3）流动站接收机根据自身实时位置 x_t、y_t 与 P 点设计位置，计算出流动站接收机距 P 点的水平距离 D 及方向。根据 D 的大小及方向，移动接收机位置，直到 $D=0$，此时流动站接收机所在位置即为 P 点设计位置。

思 考 题

1. 测设的基本工作有哪些？

2. 试述圆曲线主点测设的方法和偏角法放样细部点的方法。

3. 简述全站仪、RTK 接收机坐标测设的方法。

12　农业工程测量

农业工程涉及农业的诸多领域，如大坝、灌溉渠系、道路、景观建筑、土地平整等，从规划设计到施工放样的各个环节都离不开测量工作。

12.1　线路测量

线路测量是针对道路、渠系、管道等线型工程在勘测设计、施工及运营管理阶段所进行的测量工作。其主要工作包括测绘带状地形图、中线测量、曲线测量、纵断面测量、横断面测量和施工放样等。

12.1.1　（带状）地形图测绘

沿线路走向测绘带状地形图是为线路的设计提供依据。测图前期需沿线路走向建立测区控制网。平面控制网通常采用导线或 GPS 测量的方式建立，高程控制网一般采用水准测量的方式进行。测区控制网完成后，采用经纬仪测绘法或全野外数字化测图等方式进行带状地形图的测绘。

12.1.2　中线测量

中线测量工作是将选定线路的起点、终点、交点及线路中心线在实地上标定出来。

12.1.2.1　交点和转点的测设　交点的位置可以由设计人员现场选定，也可以按带状地形图上设计的位置实地测设。实地测设时，根据已知控制点坐标和交点设计坐标计算测设数据，采用极坐标法、距离交会法、角度交会法等实地测设交点。

当相邻交点间不通视时，需要在两交点间或延长线上设置转点，以起到传递方向的作用。

采用全站仪、RTK 接收机根据设计坐标测设，也是目前常用的方法，测设时可以不设置交点桩，一次性测设直线、曲线上的里程桩。

12.1.2.2　转向角的测量　线路的中线方向不可能自始至终是一条直线，当线路的方向发生改变时，需要测量线路转向角（偏角）。实际工作中，直接测量的是线路的折角，需要将折角转换为偏角，偏角有左偏、右偏之分，如图 12-1 所示。

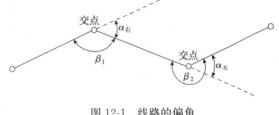

图 12-1　线路的偏角

当 $\beta < 180°$ 时，为右偏角：

$$\alpha_右 = 180° - \beta \tag{12-1}$$

当 $\beta > 180°$ 时，为左偏角：

$$\alpha_左 = \beta - 180° \tag{12-2}$$

12.1.2.3 中桩的测设 从起点开始，编号 0＋000（"＋"号前为千米数，"＋"后为米数），沿实际线路将里程桩钉在中心线上，并将桩号写在木桩上，如 0＋020、0＋040 等。

12.1.3 纵断面测量

纵断面测量的任务是测定线路中线上各里程桩的地面高程。纵断面测量分为基平测量和中平测量两项工作。

12.1.3.1 基平测量 基平测量是测量线路附近布设的水准点的高程，通常采用附合水准路线或闭合水准路线，按四等水准的精度要求施测。水准点分永久性和临时性两种。永久性水准点布设密度视工程需要而定，通常布设在线路起点、终点及重要地物附近；临时性水准点一般沿线路每隔 1km 左右布设一个，以供中平测量、施工测量使用。

12.1.3.2 中平测量 中平测量是测量线路中心线上各里程桩的地面高程，一般采用视线高法进行测量，按普通水准的精度要求施测。如图 12-2 所示，测量方法如下：

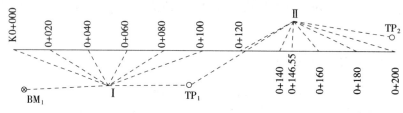

图 12-2 纵断面测量

（1）安置水准仪，后视已知水准点，读取后视读数，计算视线高：

$$视线高＝后视点高程＋后视读数$$

（2）将水准尺依次安置在线路各里程桩处，如 0＋000、0＋020 等，这些点称为间视点，读取各间视点标尺读数（读取到厘米即可），计算各间视点高程：

$$间视点高程＝视线高－间视读数$$

（3）在线路中心线上或线路一侧任选一点作为转点，水准尺放置在转点上，读取前视读数，计算转点高程：

$$转点高程＝视线高－前视读数$$

（4）水准仪向前搬至下一测站，按前述方法一直观测到另一已知水准点，进行检核。若满足 $f_h \leqslant \pm 40\sqrt{L}$ 的限差要求，即可继续进行测量，否则应重新测量。具体计算见表 12-1。

表 12-1 纵断面测量手簿

测点	后视读数	视线高程	间视读数	前视读数	高程/m	备注
BM$_1$	2.191	44.595			42.404	
K0＋000			1.62		42.98	
0＋020			1.87		42.73	
0＋040			0.50		44.10	
0＋060			0.88		43.72	
0＋080			0.61		43.99	

（续）

测点	后视读数	视线高程	间视读数	前视读数	高程/m	备注
TP$_1$	3.162	46.751		1.006	43.589	
0+100			2.30		44.45	
0+120			2.27		44.48	
0+140			1.73		45.02	
0+160			1.95		44.80	
0+180			1.89		44.86	
TP$_2$	2.246	47.476		1.521	45.230	
...	...	...	...	...	...	
K1+240			2.32		44.520	
BM$_2$				0.606	46.342	

12.1.3.3 纵断面图绘制 绘制直角坐标系，原点为线路起点 0+000，横轴表示各里程桩距线路起点的水平距离，纵轴表示高程。依据实际情况确定合适的纵、横轴比例尺。根据水平距离和高程将各里程桩标定在坐标系中，用折线将坐标系中的各里程桩连接起来，得到线路纵断面图（图 12-3）。

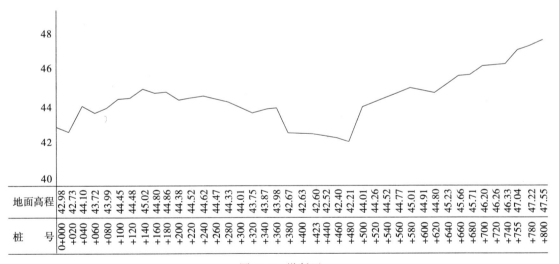

图 12-3　纵断面

12.1.4　横断面测量

横断面测量的任务是测定线路两侧与线路中心线垂直方向上的地面起伏状况。一般以中心桩为起点，测量线路两侧地形变化点到中心桩的平距和高差（图 12-4）。横断面采用皮尺配合仪器进行测量，以线路前进方向分为左、右，数据记录见表 12-2。

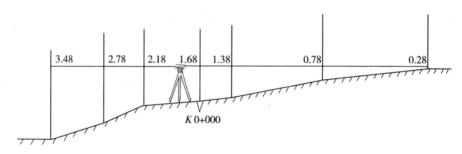

图 12-4　横断面测量

表 12-2　横断面测量手簿

	高差 距离	左侧		桩号	右侧		高差 距离	
同坡	$\dfrac{-1.8}{3.90}$	$\dfrac{-1.1}{1.94}$	$\dfrac{-0.5}{1.42}$	$K0+000$	$\dfrac{+0.3}{0.72}$	$\dfrac{+0.9}{2.70}$	$\dfrac{+1.4}{4.50}$	同坡

　　绘制直角坐标系，横轴表示线路两侧地形变化点距线路中心桩的水平距离，纵轴表示高程。根据水平距离和高程将线路两侧地形变化点标定在坐标系中，并用折线进行连接，得到线路横断面图（图 12-5）。

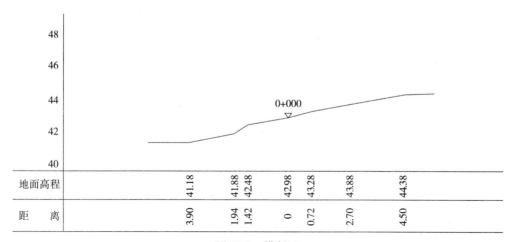

图 12-5　横断面

　　设计人员根据纵断面数据设计线路坡度、计算各中心桩的填挖深度，结合横断面数据和设计断面，计算工程量。

12.2　民用建筑施工测量

　　民用建筑施工测量主要工作包括建立施工控制网、建筑物定位放线、基础工程施工测量等。

12.2.1　建筑施工控制测量

　　建立施工控制网的目的是为建筑物施工放样提供依据。施工控制网分平面控制网和高程控制网。平面控制网有多种布设形式，这里介绍常用的建筑基线和建筑方格网。

12.2.1.1 建筑基线的布设形式 建筑基线是建筑场地施工控制的基准线，通常由一条长轴线和若干条与其垂直的短轴线组成，长轴线一般平行于主要建筑物的轴线。建筑基线有一字形、L形、丁字形、十字形（图 12-6）。基线上的定位点不应少于 3 个，以便相互检核。

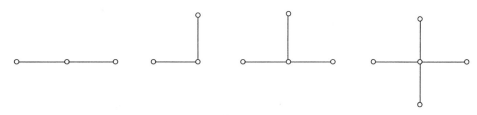

图 12-6 建筑基线布设形式

12.2.1.2 建筑基线的测设

（1）根据建筑红线测设建筑基线。城市建筑用地的边界即红线，是由城建部门在现场标定，红线可以作为测设建筑基线的依据。如图 12-7 所示，AB、AC 为建筑红线，若 AB、AC 为正交，则可根据垂距 $1P$ 及 $1Q$ 将建筑基线 12、13 在实地标定出来。测设完成后应将经纬仪安置在 1 点，检查 $\angle 213$ 是否是直角，其误差不应超过 $\pm 20''$。

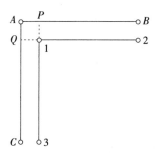

图 12-7 根据建筑红线测设

（2）根据已有控制点测设建筑基线。如图 12-8 所示，1、2、3 点为已知控制点，A、O、B 为设计的建筑基线点。根据各点坐标计算放样数据 β_1、S_1、β_2、S_2、β_3、S_3，分别在 1、2、3 点安置经纬仪，按极坐标法测设 A、O、B 三点。

由于测量误差等因素影响，导致 A、O、B 三点不在一条直线上，如图 12-9 所示，在 O' 点安置经纬仪，精确测出 $\angle A'O'B'$ 的

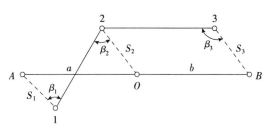

图 12-8 用控制点测设建筑基线

值 β，若 $\Delta\beta = 180° - \beta$ 超限，则应对点 A'、O'、B' 进行横向调整。调整量按下式计算：

$$\delta = \frac{ab}{2(a+b)} \cdot \frac{\Delta\beta}{\rho}$$

式中：$\rho'' = 206\ 265''$。

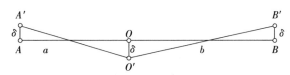

图 12-9 基线点调整

12.2.2 建筑方格网的布设

建筑方格网由正方形或矩形格网组成，适用于建筑群场地。如图 12-10 所示，首先测设主轴线 *AOB*，测设方法与建筑基线相同。然后将经纬仪安置在 *O* 点，测设另一条主轴线 *COD*。以 *A* 点做定向方向，将经纬仪旋转 90°、270°定出 C'、D' 点，然后精确测量 $\angle AOC'$、$\angle BOD'$，计算 $\varepsilon_1 = \angle AOC' - 90°$ 和 $\varepsilon_2 = \angle BOD' - 90°$，如图 12-11 所示。若差值大于 $\pm 10''$ 时，则按下式计算 d_1、d_2 并进行改正：

$$d_i = L_i \frac{\varepsilon_i}{\rho''}$$

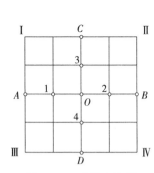

图 12-10 建筑方格网

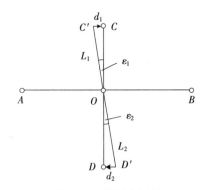

图 12-11 轴线点调整

在 C' 点沿垂直方向改正 d_1 得到 *C* 点，同法得到 *D* 点。

主轴线测设后，分别在 *A*、*B*、*C*、*D* 点上安置经纬仪，以 *O* 点为定向方向，分别向左或向右测设 90°角，即可交会出方格网四个角点Ⅰ、Ⅱ、Ⅲ、Ⅳ，检核和改正方法与上述相同，最后以这些点加密格网点。

12.2.3 高程控制测量

高程控制网分为两级。首级高程控制布设在施工场地周围便于长期保存的地方，按三、四等水准测量方法施测；二级高程控制布设在建筑物附近，尽可能满足安置一次仪器即可放样高程的要求。此外，建筑物附近还要测设±0 水准点，高程等于建筑物室内地坪的设计标高，以红油漆设置成上顶为水平线的倒三角形。

12.2.4 建筑物定位

建筑物定位是将建筑物外轮廓的轴线交点测设于实地。定位的方法有极坐标法、距离交会法、建筑基线法、建筑方格网法等。这里介绍根据现有建筑物的位置关系测设待建建筑物的方法。

如图 12-12 所示，*EFGH* 为欲测设建筑物。首先沿已有建筑物 *ABCD* 的外墙 *DA* 和 *CB* 向外延长一段距离（一般为 1~2 m）得 *a*、*b* 两点。将经纬仪安置在 *a* 点，照准 *b* 点，作 *ab* 的延长线，按设计尺寸测设 *be*、*ef* 的长度，得到 *e*、*f* 两点。将经纬仪分别安

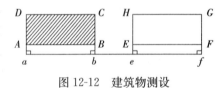

图 12-12 建筑物测设

置在 e、f 点，以 a 点定向，测设 $90°$ 水平角，并按设计尺寸测设定出 E、H、F、G 点。将经纬仪分别安置在 E、H、F、G 点检测四个拐角是否为直角，其误差不应超过 $\pm 40''$，量测四条边的长度，与设计尺寸比较，其相对误差不应超过 1/2 500。

12.3 土地平整测量

土地平整是土地开发利用、土地整理的一项措施，对有效增加耕地面积、机械化耕作、节水灌溉、提高耕地质量等都会起到积极作用。本节介绍土地平整中常用的合并田块法和方格网法。

12.3.1 合并田块法

如图 12-13 所示，5 块面积、高程不同的田块，要求合并为一块平地。设各田块的面积、平均高程为 S_i、H_i（$i=1,2,\cdots,$ 5），面积和高程可以实地测量，也可以在地形图上确定。

田块平整后的设计高程：

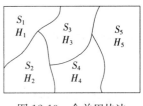

图 12-13 合并田块法

$$H_m = \frac{S_1 H_1 + S_2 H_2 + \cdots + S_5 H_5}{S_1 + S_2 + \cdots + S_5} \tag{12-3}$$

各田块的平均填挖深度：

$$h_i = H_i - H_m, \; i = 1,2,\cdots,5 \tag{12-4}$$

计算结果为正表示挖深，为负表示填高。

各田块的填、挖土方量：

$$V_i = S_i h_i, \; i = 1,2,\cdots,5 \tag{12-5}$$

计算结果为正代表挖方量，为负代表填方量。各田块的填、挖方量应相等，以此作为计算校核。

12.3.2 方格网法

方格网法是在土地平整区域建立方格网，方格网大小根据施工手段和面积大小确定，一般为 10 m×10 m、20 m×20 m、50 m×50 m 等。方格网法平整土地具体步骤如下：

12.3.2.1 布设方格网 如图 12-14 所示，在较为平直的地块边缘标定一条基线，将经纬仪安置在基线的端点 A，沿基线方向，按方格网设计长度依次定出 B、C、D、E、F 点并打入木桩；同理，在垂直于基线方向定出 2、3、4、5、6 点。再通过这些点，放样方格的其他顶点。这样就构成了方格网，绘制草图，并按行、列编号。

12.3.2.2 测量方格点高程 选定高程起算点，如 A 点，作为测区的统一高程起算数据，该点高程可与国家水准点进行联测或假定。按照视线高法，采用闭合水准路线，测量每一个方格点的地面高程。

12.3.2.3 计算地块设计高程 地块设计高程采用加权平均值的方法计算。先求出每个方格的平均高程，然后再求出所有方格的平均值，得出设计高程。设方格角点、边点、拐点、中点所对应的高程分别记为 $H_角$、$H_边$、$H_拐$、$H_中$，如图 12-15 所示，则设计高程为

$$H_设 = \frac{1}{4n}\left(\sum H_角 + 2\sum H_边 + 3\sum H_拐 + 4\sum H_中\right) \tag{12-6}$$

式中：n——方格网中方格的个数。

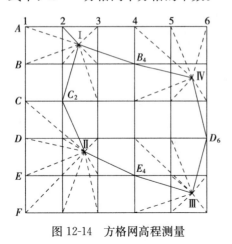

图 12-14　方格网高程测量

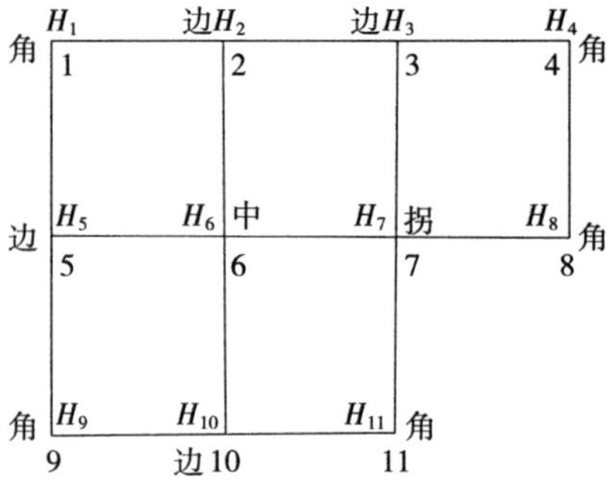

图 12-15　方格点的位置

12.3.2.4　计算填挖高度　方格点的地面高程减去设计高程即为填、挖高度，即

$$h = H_i - H_设 \tag{12-7}$$

式中：h——填、挖深度，正为挖深，负为填高。

填、挖深度按照平整土地的不同要求分别进行计算：

（1）平整成水平面。当平整后的地面为水平面时，式（12-6）计算的设计高程就是平整后地面的平均高程，因此，各桩点的填、挖高度直接由式（12-7）求得。

（2）平整为单向斜地面。如图 12-16 所示，要求平整成自西向东坡度为 -1% 的单向倾斜面时，式（12-6）计算的设计高程不是平整后地面的平均高程，而是方格网中心位置的设计高程，这样可以保持填、挖平衡。

例如，图 12-16 中的方格的边长 20 m，东西方向相邻方格点之间的设计高差为 $20 \times (-1\%) = -0.02$ m。以 D4 点为例，中心点位于 3、4 列的中央位置，高程为 H_0，由 D4 点与中心点间的位置关系可知，D4 点设计高程为 $H_{D4} = H_0 + (-0.01)$，此高程即为第 4 列各桩点的设计高程。根据 D4 点的设计高程、相邻方格点之间的设计高差，依次推算出其他各列设计高程，再由式（12-7）计算各桩的填、挖高度。

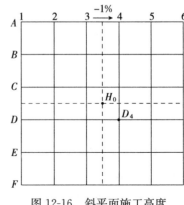

图 12-16　斜平面施工高度

12.3.2.5　确定填挖边界　相邻方格点间有挖有填时，必定有一个不挖不填的零点。将相邻的零点连接即为施工零线，即填、挖分界线。如图 12-17 所示，零点的计算公式为

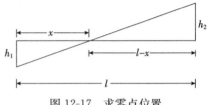

图 12-17　求零点位置

$$x = \frac{lh_1}{h_1 + h_2} \tag{12-8}$$

式中：l——方格边长；

h_1、h_2——施工高度。

12.3.2.6　土方量计算　土方量是每个方格的填、挖方量之和。一个方格的填、挖方量：

$$V = A \cdot h \tag{12-9}$$

式中：V——某方格的填方量或挖方量；

A——该方块填高（或挖深）的底面积；

h——该方块各顶点填高（或挖深）的平均高度。

当某方格中既有填高又有挖深时，应按填、挖分界线分别计算填方量及挖方量。将各方格填、挖量分别相加，即得总填方量和总挖方量。从理论上讲，总填方量和总挖方量应该相等，由于计算公式的近似性，故一般有些出入。如填、挖方量相差较大，经复算又无误，需要修正设计高程。

$$H'_{设} = H_{设} + \frac{V_{挖} - V_{填}}{S} \tag{12-10}$$

式中：$H_{设}$——第一次计算的设计高程；

$V_{挖}$、$V_{填}$——挖方总量、填方总量；

S——总面积。

用改正后的设计高程重新确定零线，再计算土方量，直到填、挖方量基本相等。

12.4　土坝施工测量

大坝是水利枢纽的重要组成部分，主要用于防洪、发电、灌溉等，按坝型可分为土坝、重力坝、堆石坝、拱坝等，其中，土坝是一种使用较为广泛的坝型，有时也称土石坝。

12.4.1　坝轴线的测设

图 12-18 为坝轴线的设计图纸。采用经纬仪测设坝轴线时，一般采用角度交会法。根据

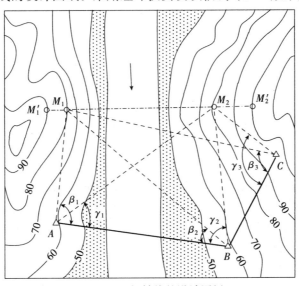

图 12-18　坝轴线的设计图纸

已知控制点 A、B、C 的坐标和坝轴线端点 M_1、M_2 的设计坐标，计算测设数据 β_1、β_2、β_3 和 γ_1、γ_2、γ_3，然后将经纬仪分别安置在 A、B、C 点上用三个方向交会出 M_1、M_2 点。如果采用全站仪测设，将已知控制点的坐标和坝轴线设计坐标输入仪器，将全站仪安置在任一个控制点上，用坐标放样功能测设 M_1、M_2 点。如果采用 RTK 接收机放样，可直接按坐标放样。为了防止坝轴线点被破坏，可将 M_1、M_2 点延长到两面山坡上的 M_1'、M_2' 点。

12.4.2　坝身控制线测设

坝身控制线是与坝轴线平行和垂直的控制线。坝身控制线的测设应在围堰的水排尽后、清理基础前进行。

12.4.2.1　平行于坝轴线的控制线测设　平行于坝轴线的控制线可布设在坝顶上下游线、上下游坡面变化处、下游马道中线处，也可按等间距布设（如 10 m、20 m、30 m 等），以便控制坝体填筑和土石方计算。如图 12-19 所示，将经纬仪分别安置在坝轴线的 M_1、M_2 点，测设与坝轴线垂直的基准线，沿基准线量取各平行控制线距坝轴线的设计距离，得到各平行线的位置。

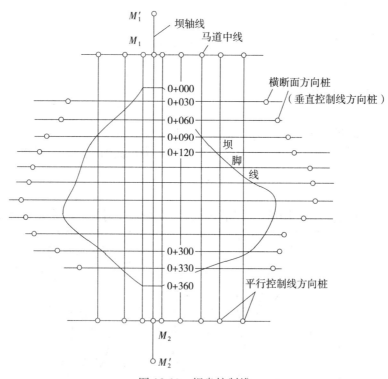

图 12-19　坝身控制线

12.4.2.2　垂直于坝轴线的控制线的测设　垂直于坝轴线的控制线一般按 20m、30m 或 50m 的间距测设。如图 12-19 所示，经纬仪安置在 M_1 点，瞄准 M_2 点，按测设高程的方法，沿坝轴线找到与坝顶设计高程一致的点，作为零点，桩号记为 0+000。从零点开始，沿坝轴线方向按选定间距（如 30 m），用经纬仪定线，顺序打下 0+030、0+060……里程桩，直至 M_2 点。然后将经纬仪安置在各里程桩上，以 M_1 或 M_2 点定向，测设出 90°或 270°水平角，定出与坝轴线垂直的一系列平行线，并在上下游施工范围以外用方向桩标定在实地上，称为横断面方向桩。这些方向桩，是施测横断面以及放样清基开挖线、坝坡面的控制桩。

12.4.3 高程控制测量

高程控制网由永久性水准点和临时水准点构成。永久性水准点组成的基本网布设在施工区域以外，采用闭合水准路线、附合水准路线或节点水准网的方式建立，以三等或四等水准测量方法施测。临时水准点应布置在施工范围不同高度的地方，以便于高程测设。临时水准点布设时应附合到永久性水准点上，按照四等、五等水准测量方法施测。

12.4.4 清基开挖线的测设

清基开挖线是坝体与自然地面的交线。在坝体填筑前，需清理筑坝区域地表的树根、杂草、块石等，因此首先要测设出清基开挖线。

清基开挖线的测设数据一般通过图解求得。为此，先要进行坝轴线的纵、横断面测量，绘制纵、横断面图，方法与 12.1 节中介绍的相同。根据里程桩的高程，在横断面图上套绘坝体的设计断面，如图 12-20 所示，R_1、R_2 为 0+060 处上、下游清基开挖点，与坝轴线的距离为 d_1、d_2，量取其长度并在实地测设。考虑到基坑开挖有一定的深度和坡度，应适当增加 d_1、d_2 的长度。将各里程桩放样的清基开挖点连接即为大坝的清基开挖线，如图 12-21 所示。

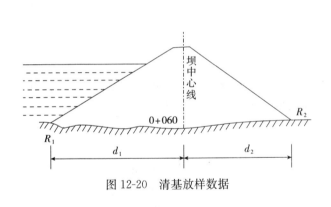

图 12-20 清基放样数据

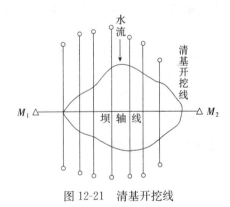

图 12-21 清基开挖线

12.4.5 坡脚线的测设

坡脚线是坝底与清基后地面的交线。下面介绍坡脚线测设方法。

12.4.5.1 横断面法 在清基过程中，坝轴线里程桩被破坏。清基后首先要恢复里程桩，然后进行清基后的纵、横断面测量，按照图 12-20 所示的方法，图解放样数据，实地测设 d_1、d_2 的长度，即可得到上、下游的坡脚点 R_1、R_2。连接各里程桩的坡脚点即得大坝的坡脚线，如图 12-22 中的虚线。

12.4.5.2 平行线法 以不同高程的坝坡面与地面的交点获得坡脚线。在坝体的上、下游按已知距离做坝轴线的平行线（平行控制线），求出各条平行控制线的高程，用高程放样的方法定出坡脚点。如图 12-22 所示，平行控制线 $A'A$ 距离坝轴线 25m，迎水面边坡 1:2.5，坝顶高程为 80m，则平行控制线 $A'A$ 的高程为 80m－25m×（1/2.5）＝70m，将经纬仪安置在 A' 点，瞄准 A 点定出控制线的方向，用水准仪测设出控制线上高程为 70m 的点并标定

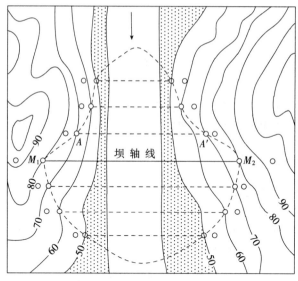

图 12-22 平行线法测设坡脚线

在地面上，该点就是高程 70m 处坝坡面与地面的交点，即坡脚点。按同样方法测设其他各条平行控制线的坡脚点，将各坡脚点连接起来就是坡脚线。如果使用全站仪，定线方法与经纬仪相同，高程直接用全站仪进行测设。

12.5 农业灌溉工程测量

农业灌溉工程主要包括以输配水渠系为主的地面灌溉工程和以输配水管道为主的管道灌溉工程。灌溉工程通常从河流、山溪、水库、塘坝等水源引水，以满足农田灌溉的需求。

12.5.1 渠道测量

渠系灌溉是通过干渠、支渠输水至灌区，再由斗渠、农渠等组成的配水渠道供水至田间。渠道施工测量包括渠道选线、中线测量、纵断面测量、横断面测量和边坡测设。

12.5.1.1 渠道整治测量 对现有渠道进行改、扩建时，需要沿渠线测量渠道宽度、渠堤宽度、渠底高程、渠堤高程，测绘水工建筑物及渠道周边大比例尺带状地形图，测量渠道纵、横断面，定出渠底中心线。纵断面测量以渠首或分水建筑物为 0＋000，里程桩打在渠堤上。横断面测量，一般采用十字架定出垂直中线的方向，如图 12-23 所示。

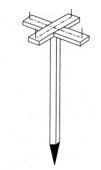

图 12-23 十字架

12.5.1.2 新建渠道测量

渠道线路由设计人员现场选定或根据带状地形图实地测设。

渠道测量过程中，需要注意以下几点：

（1）在干渠、支渠等分水口附近至少布设 2 个平面控制点、1 个高程控制点，点位应选择在便于施工、易于保存处，精度要满足相关要求；平面控制点、高程控制点可以同点位布设。

（2）纵断面测量中，应测量各取水口（例如闸底板等）、分水口的渠底高程。

（3）现场绘制渠道测量草图，如图 12-24 所示。

（4）为满足设计需要，各水工建筑物处需要测量大比例尺工点图，比例尺一般为 1∶500，甚至更大。

渠道测量方法与 12.1 节的线路测量相同，这里仅介绍渠道边坡测设。

渠道边坡测设是在每个里程桩处将渠道设计断面与原始地面的交点在实地标定出来。如图 12－25 所示，将设计断面与横断面图套绘在一起，设计断面与原始地面的交点为 d、e、f，此三点距中心桩 O 点的距离 L_1、L_2、L_3 可由图上获取。在实地找到对应桩号，在该桩点定出横断面方向，按照图上尺寸将 d、e、f 点标定在实地，在各断面的边坡点间撒上石灰，供施工使用。

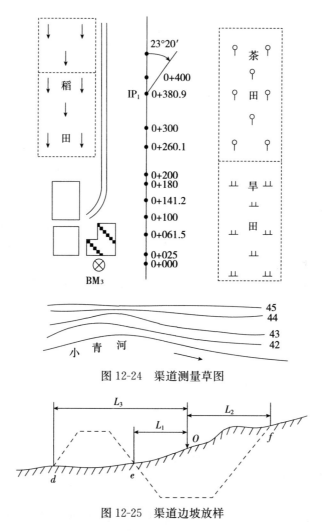

图 12-24 渠道测量草图

图 12-25 渠道边坡放样

12.5.2 灌溉管道测量

12.5.2.1 管道测量
管道灌溉工程由供水总干管代替渠道，将灌溉水输送至灌区，再通过干管、支管上的出地桩或滴灌带（管）将灌溉水均匀地分布至田间，达到灌溉的目的。

管道测量包括带状地形图测量、中线测量、纵断面测量、横断面测量等，测量方法与渠道测量相同。干管一般布设在条田的高处，且位于条田边缘。

12.5.2.2　管道施工测量　图 12-26 为管道灌溉系统的平面布置图。

　　管道的起点、转折点、终点为管道的主点。若设计位置与中线测量位置不一致，实地要重新定位；若无变化，实地检查主点保存的完好性，对被破坏的点位要及时恢复。根据设计资料，将干管检查井、支管出地桩的位置在实地定出。同时，考虑到施工过程中地面中心桩会被破坏，要将这些桩点引测到开挖区域以外，设置引桩，以便管道铺设时恢复其位置，如图 12-27 所示。

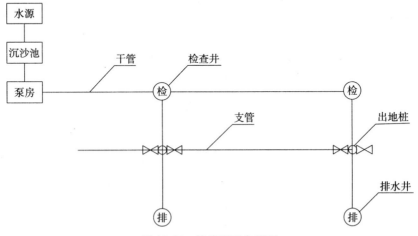

图 12-26　管线平面布置图

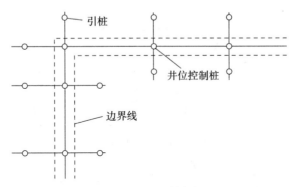

图 12-27　施工控制桩

12.6　园林工程施工测量

　　园林工程主要包括园林建筑及设施、园林道路、园林景观、绿化工程。园林工程施工应按照工程设计图纸的要求进行。本节主要介绍树种的种植放样。树木种植可分为孤植型、丛植型、行（带）植型和片植型。

12.6.1　孤植型、丛植型、行（带）植型种植放样

　　孤植型种植是在草坪、岛屿或山坡等区域只种植一棵树；丛植型种植是把几株或十几株

甚至几十株乔灌木配置在一起，树种一般在两种以上；道路两旁的绿化树、中间的分车绿带和房子四周的行树、绿篱等都属于行（带）植型种植。

一般来说，种植植物的测设，相对建筑物、道路的要求要低，利用设计图纸上量取的测设数据，实地进行定点。

如图 12-28 所示，利用地面控制点 A、B、K，测设 P 点的种植位置。将经纬仪安置在 A 点，以 B 点为定向方向，按照设计图纸上量取的角度 $\angle BAP$ 及 D_{AP}，采用极坐标法定出 P 点位置，钉上小木桩，并注明树种。对于行（带）植型，将种植范围的起点、转折点和终点测设到实地。

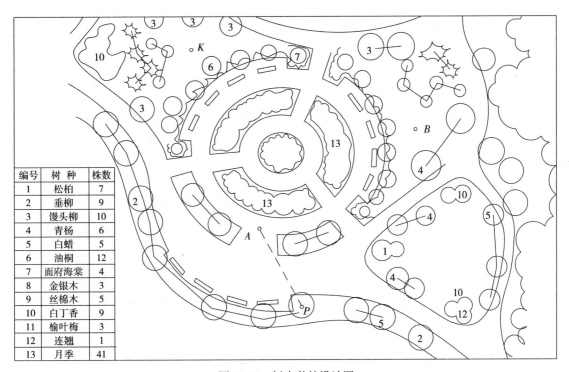

编号	树　种	株数
1	松柏	7
2	垂柳	9
3	馒头柳	10
4	青杨	6
5	白蜡	5
6	油桐	12
7	面府海棠	4
8	金银木	3
9	丝棉木	5
10	白丁香	9
11	榆叶梅	3
12	连翘	1
13	月季	41

图 12-28　树木种植设计图

可以采用全站仪、RTK 接收机用坐标测设，也可以利用极坐标法、支距法、交会法等进行定位。

12.6.2　片植型种植放样

在苗圃、风景林、果园、防护林等地常常成片种植植株，植株一般按矩形或菱形排列。测设时，首先要定出种植区域的界线，然后根据种植方式定出每一植株的位置。

12.6.2.1　矩形种植点测设　如图 12-29 所示，$ABCD$ 为种植区边界，其测设步骤如下：

（1）以 AB 为基线，按半个株距和行距定出 a 点，在 a 点安置仪器测设 AB 的平行线，按行距的整倍数定出 b 点，测设 ab 的垂线，按株距的整倍数定出 d 点。同法，在 b 点安置仪器，测设 c 点。为了检核，实地丈量 cd 的长度，并与 ab 长度进行比较，若有偏差，可适当调整 c、d 点位置。

（2）在 ad 和 bc 线上按设计株距的若干倍（一般可取 5～10 倍）定出 e、f、g、h 点。

（3）在 ab、ef、gh 线上按设计行距定出 1、2、3、…，$1'$、$2'$、$3'$、…，$1''$、$2''$、$3''$、…点。

（4）在 $1—1'$、$2—2'$、$3—3'$……上拉测绳或皮尺，按设计株距定出各种植点，在地面上撒上白灰或做相应标记。

12.6.2.2　菱形种植点测设

如图 12-30 所示，菱形种植点测设步骤如下：

（1）根据种植区边界测设出 a、b、c、d 四点，方法同矩形种植点测设。

（2）在 ab 及 dc 边上分别按半个行距定出 1、2、3、…，$1'$、$2'$、$3'$、…点。

（3）连接 $1—1'$、$2—2'$、$3—3'$、…，奇数行（$1—1'$、$3—3'$、…）从直线任一端开始按半个株距定出第一株植株，后续植株可按整个株距依次定出，偶数行（$2—2'$、$4—4'$、…）从直线任一端开始按整株距依次定出各种植点。

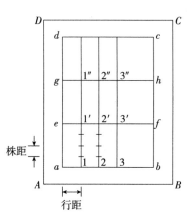

图 12-29　矩形种植点测设

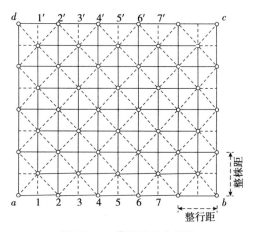

图 12-30　菱形种植点测设

思 考 题

1. 试述线路测量的主要工作。

2. 什么是建筑基线、建筑方格网？

3. 试述土地平整的过程。

参 考 文 献

程鹏飞，成英燕，等，2008. 2000 国家大地坐标系实用宝典 [M]. 北京：测绘出版社.

党亚民，成英燕，薛树强，2010. 大地坐标系统及其应用 [M]. 北京：测绘出版社.

谷达华，2011. 园林工程测量学 [M]. 重庆：重庆大学出版社.

国家测绘地理信息局，2012. 国家基本比例尺地形图分幅和编号：GB/T 13989—2012 [S]. 北京：中国标准出版社.

国家测绘局，2009. 国家三、四等水准测量规范：GB/T 12898—2009 [S]. 北京：中国标准出版社.

国家测绘局，2009. 全球定位系统（GPS）测量规范：GB/T 18314－2009 [S]. 北京：中国标准出版社.

过静珺，饶云刚，2011. 土木工程测量学 [M]. 4 版. 武汉：武汉理工大学出版社.

孔祥元，郭际明，刘宗泉，2001. 大地测量学基础 [M]. 武汉：武汉大学出版社.

李秀江，2015. 测量学 [M]. 4 版. 北京：中国农业出版社.

李征航，黄劲松，2016. GPS 测量与数据处理 [M]. 3 版. 武汉：武汉大学出版社.

刘基远，2005. GPS 卫星导航定位原理与方法 [M]. 北京：科学出版社.

宁津生，陈俊勇，等，2008. 测绘学概论 [M]. 武汉：武汉大学出版社.

史兆琼，许哲明，2010. 建筑工程测量 [M]. 武汉：武汉理工大学出版社.

王侬，过静珺，饶云刚，2001. 现代普通测量学 [M]. 北京：清华大学出版社.

岳建平，邓念武，2008. 水利工程测量 [M]. 武汉：中国水利水电出版社.

中华人民共和国建设部，2008. 工程测量规范：GB 50026—2007 [S]. 北京：中国计划出版社.

图书在版编目（CIP）数据

测量学/崔龙，张梅花主编．—北京：中国农业
出版社，2017.7（2023.12 重印）
普通高等教育农业农村部"十三五"规划教材
ISBN 978-7-109-23041-5

Ⅰ.①测…　Ⅱ.①崔…②张…　Ⅲ.①测量学－高等
学校－教材　Ⅳ.①P2

中国版本图书馆 CIP 数据核字（2017）第 165111 号

中国农业出版社出版
（北京市朝阳区麦子店街 18 号楼）
（邮政编码 100125）
责任编辑　夏之翠
文字编辑　李兴旺
———————————
北京中兴印刷有限公司印刷　新华书店北京发行所发行
2017 年 7 月第 1 版　2023 年 12 月北京第 4 次印刷
———————————
开本：787mm×1092mm 1/16　印张：9.75
字数：220 千字
定价：24.50 元
（凡本版图书出现印刷、装订错误，请向出版社发行部调换）